廃村と過疎の風景(10)

廃校廃村を訪ねてⅡ (甲信越東海)

まえがき～第 10 集刊行に寄せて～

　浅原さんは日本各地の廃村を「旅人」として訪れている。お会いして話をしているといつも強くそう感じます。一つの地域をとことんまで探求するのではなく、北から南までくまなく多くの廃村を、そしてその目的地を訪れるまでの様々な過程を楽しみながら、そこはかとなく歩く。場合によっては訪問する前に地元や関係の方とやり取りをすることもある。また偶然出会った方とのつながりを大切にし、やり取りを続けていく。そんな繊細な積み重ねをしている旅人は浅原さん以外になかなかいないのではないでしょうか。

　そんな浅原さんの旅の記録として「廃村と過疎の風景」があります。2001 年の第 1 集からこつこつと成果をまとめ、いつのまにかこの第 10 集。旅を続けるということもなかなかできないことですが、さらに継続して本をまとめる労力は並大抵なものではありません。それだけ廃村に惹かれ、その様子を伝えていきたい、そんな想いが強いのだろうと感じています。第 1 集からずっと読んでいくと、試行錯誤をしながら廃村を訪れている浅原さんの雰囲気を手に取るように感じ取ることができます。
　今回収録されている内容は今から 10 年ほどの以前の記録が中心であり、浅原さんが訪れた時にはまだ人の営みがあった集落も、いつしか草木に覆われ、人の痕跡が消えかかっている場所もあります。しかしそんな場所ばかりではなく、かつての住民が今も時々訪れ、草刈りをして守り続けている、新しい人々が入り込み生活をしている、飲食店やキャンプ場を営んでいる人がいる、そんな様々な廃村があります。ダムが完成して廃村になってしまったけれども、春になると山を越えてその集落にやって来て生活をしている人がいる廃村さえもあるのです。興味をもったら、そんな廃村やその周辺をこの本を参考にして訪れることも楽しいのではないでしょうか。

　都会に住んで、日々の生活に追われる中で、スマホを通じて多くの情報を得るのは簡単ですが、浅原さんが訪ねている廃村や過疎の村の情報には、興味をもたないとなかなかたどり着けません。もしかすると、山の中には昔話の世界のような集落が点在していると思われる方もいるかもしれません。しかし確実に都会でも歯抜けのように人が少なくなっているように、中山間地では人が消えてしまった集落が多くあり、廃村は増えているのです。建物は残っていても今は住んでいる人はほとんどいない、そんな場所はもうたくさんあります。そんな実際の姿を知る機会の少ない人にこそ浅原さんの本を手に取って、読んでもらえたらなと感じています。
　私は浅原さんにいくつかの廃村に連れて行って頂いた中で、様々なことを教えて頂き、その中で知見を得ながら旅をしています。そんな方が増えればいいなという気持ちとともに、これからも「廃村と過疎の風景」が浅原さんの手によって少しずつ生み出されていくことを期待して、第 10 集刊行を祝したいと思います。

平成 30 年 10 月 31 日　愛知県弥富市より
井手口征哉（きたたび）

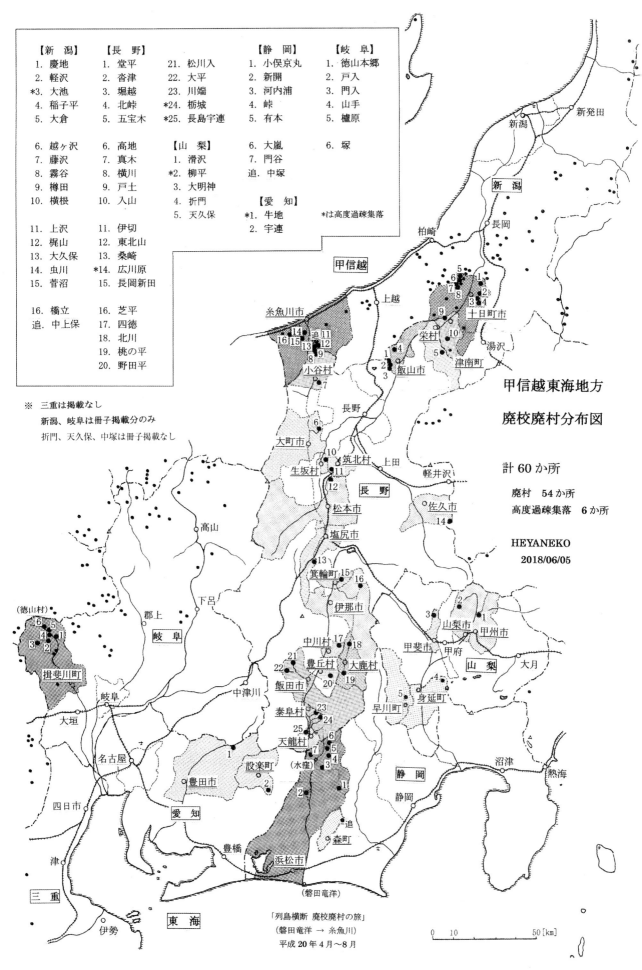

もくじ

まえがき - 井手口征哉		3
甲信越東海地方 廃校廃村分布図		4
「廃村と過疎の風景 (10)」廃校廃村を訪ねてⅡ (甲信越東海)		6
「廃村千選」一覧表（その1 産業別）		8
廃校廃村を訪ねてⅡ (甲信越東海) 本編		9
平成17年（2005年）		
1 「安曇野・廃村へ通じる県道は全面通行止」	長野県美麻村高地	10
2 「斑尾高原・4つの廃校廃村の現在」	長野県飯山市堂平、沓津、堀越、北峠	14
平成18年（2006年）		
3 「中信・偶然見つけた峠の上の廃校舎」	長野県生坂村入山	19
4 「徳山村・水没直前の廃村の風景」	岐阜県揖斐川町徳山本郷、櫨原、塚、山手、戸入、門入	24
5 「山梨・さまざまな表情の分校たち」	山梨県甲州市滑沢、山梨市柳平、甲斐市大明神	30
6 「中越・廃村に出かけて農家民宿に泊まろう（1）」	新潟県十日町市稲子平、大池、軽沢、慶地	35
7 「中越・廃村に出かけて農家民宿に泊まろう（2）」	新潟県十日町市越ヶ沢、大倉、藤沢、霧谷 津南町樽田, 横根	40
平成19年（2007年）		
8 「三河・春枯れ森で昭和にタイムスリップ」	愛知県豊田市牛地、設楽町宇連	47
9 「中信・サクラの頃の廃校廃村めぐり」	長野県松本市東北山、筑北村伊切	51
10 「遠州・廃村に出かけて学校跡に泊まろう（1）」	浜松市天竜区小俣京丸、河内浦、門谷	56
11 「南信・廃村に出かけて学校跡に泊まろう（2）」	長野県豊丘村野田平、中川村四徳、伊那市芝平	60
12 「東信・「廃校廃村・高度過疎集落」リストを考える旅」	長野県佐久市広川原	66
13 「小谷村・「暮らし」が続く萱葺き家屋の廃村へ」	長野県小谷村真木	70
平成20年（2008年）		
14 「斑尾高原・「熱中時間」で雪中廃村初詣」	長野県飯山市沓津	74
15 「遠州・「熱中時間」で寒中廃村ツーリング」	浜松市天竜区新開、有本、大嵐、峠	78
16 「列島横断 廃校廃村をめぐる旅（1）」	浜松市天竜区新開、有本	85
17 「列島横断 廃校廃村をめぐる旅（2）」	長野県天龍村長島宇連、泰阜村栃城、川端	88
18 「列島横断 廃校廃村をめぐる旅（3）」	長野県飯田市松川入、大平	93
19 「列島横断 廃校廃村をめぐる旅（4）」	長野県大鹿村桃の平、北川	96
20 「列島横断 廃校廃村をめぐる旅（5）」	長野県箕輪町長岡新田、塩尻市桑崎	100
21 「列島横断 廃校廃村をめぐる旅（6）」	長野県小谷村横川、戸土、 新潟県糸魚川市大久保、梶山、上沢	103
22 「列島横断 廃校廃村をめぐる旅（7）」	新潟県糸魚川市虫川、菅沼、橋立	109
23 「「学校跡を有する廃村」の旅 千秋楽」	長野県栄村五宝木、飯山市堂平、沓津	113
平成30年（2018年）		
番外 「10年後、新たに発見した廃校廃村を訪ねる」	新潟県糸魚川市上沢, 中上保、菅沼	117
廃校廃村を訪ねてⅡ (甲信静愛) リスト編		121
廃村千選 県別案内図・県別リスト		122
廃村千選 総合リスト		132
廃村千選 小学校児童数リスト		134
廃村千選 中学校生徒数リスト		136
「廃村千選」一覧表（その2 テーマ別）		137
関東地方 廃校廃村分布図（茨城・千葉更新分）		138
廃村千選 県別案内図・県別リスト（茨城・千葉）		139
廃村千選 総合リスト・小学校児童数リスト（茨城・千葉）		141
参考文献		142
あとがき		143

「廃村と過疎の風景（10）」廃校廃村を訪ねてⅡ（甲信越東海）

廃村 沓津・分校跡校舎とスイセンの花です。

　国土交通省の国土形成計画策定に関するアンケート（平成18年度）には、「過疎地域において、この7年で消滅した集落は191か所、今後10年以内に消滅の可能性がある集落は422か所、10年以降に消滅の可能性がある集落は2219か所」との旨が記されています。

　人口減少時代（ピークは平成16年、約1億2779万人）が始まった現在、失われた過去の暮らしを見直し、今後の生き方を考える上でも、廃村を調べ続けたいという思いはますます強くなっています。

　冊子「廃村と過疎の風景」のシリーズ「廃校廃村を訪ねて」は、北海道、東北、関東、甲信越東海、新潟富山、東海北陸、関西中国、四国九州（8地方）の「学校跡を有する廃村」（以下「廃校廃村」と略すことがある）をテーマとしています。取り上げる学校は、昭和34年4月以降に所在した小学校とその分校、冬季分校、夏季分校です（昭和34年3月以前に閉校した学校は含みません）。

　昭和34年（1959年）は、全国小学校児童数のピークの頃です（約1337万人、平成20年（2009年）の児童数は約712万人）。この数と総人口（約9264万人（S.34）、約1億2770万人（H.20））と比べると、総人口に対する小学校児童数の割合は14.4%（S.34）と5.6%（H.20）であり、高齢化社会の進行が実感できます。

　「全国のどこにどんな廃村があるのか」。「廃村と過疎の風景」第1集の旅（平成10年5月〜12年11月）の頃は『秋田・消えた村の記録』（佐藤晃之輔著、無明舎刊）が発行されている秋田県と『村の記憶』（山村調査グループ著、

桂書房刊）が発行されている富山県を除いて、その実態ははっきりとしないものであり、断片的な情報を積み重ねる以外に調べる手段はありませんでした。

　『廃村と過疎の風景』第2集の旅（平成13年2月〜17年4月）を続けているうちに、地形図、住宅地図、分県地図、『全国学校総覧』、『へき地学校名簿』、『角川日本地名大辞典』などを組み合わせて調べると、高い精度で廃村を見つめることができるようになりました。

　都道府県単位で「廃校廃村」の様子がわかると、「全国のどこにどんな廃村があるのか」という大きな謎に迫ることができます。

　廃村の中から、「学校跡を有する廃村」のみを選び出した理由は、次の4点です。

- ●1　「学校跡を有する廃村」は、ある程度の規模の大きさがある。
- ●2　学校は、規模、閉校の年月日等の資料がはっきりしており、全国的な実数をはっきりさせることができる。
- ●3　現地を訪ねて、地域の方とお会いしたときは、「こんにちは」などのコミュニケーションは必要不可欠である。このとき「学校跡を探して訪ねたのですが、どちらにあるのでしょうか？」という明確な目的が会話に含まれると、スムーズなコミュニケーションが可能となる。
- ●4　筆者が訪ねて強い魅力を感じた廃村の多くが「学校跡を有する廃村」だったという経験則。

棚田の跡のスイセンの花に、命の営みを感じました。

「廃校廃村を訪ねて」(甲信越東海)では、平成17年8月から同20年8月まで、甲信越3県、東海3県の「廃校廃村」61か所を訪ねた旅の記録を23編に分けてまとめています(長野県と愛知県は全訪)。あわせて、平成30年4月の旅1編を番外編としています。

原典は「廃村と過疎の風景」第3集の旅の記録で、進行は、全国の「廃村千選」リスト作成とフィールドワークとバランスよく続けていくよう、心がけました。

廃村を調べ続けることが、見知らぬ場所や時代、係わる方々を結びつけるきっかけになれば、とても嬉しく思います。

(注1) 新潟県川西町は、平成17年4月、五市町村の合併により十日町市となりました。
(注2) 新潟県青海町は、平成17年3月、三市町の合併により糸魚川市となりました。
(注3) 長野県美麻村は、平成18年1月、編入により大町市となりました。
(注4) 長野県本城村は、平成17年10月、三村の合併により筑北村となりました。
(注5) 長野県四賀村は、平成17年4月、編入により松本市となりました。
(注6) 長野県楢川村は、平成15年4月、編入により塩尻市となりました。
(注7) 長野県臼田町は、平成17年4月、四市町村の合併により佐久市となりました。
(注8) 長野県高遠町は、平成18年3月、三市町村の合併により伊那市になりました。
(注9) 山梨県塩山市は、平成17年11月、三市町村の合併により甲州市となりました。
(注10) 山梨県牧丘町は、平成17年3月、三市町村の合併により山梨市となりました。
(注11) 山梨県敷島町は、平成16年9月、三町の合併により甲斐市となりました。
(注12) 静岡県春野町、龍山村、水窪町は、平成17年7月、編入により浜松市となりました(平成19年4月、区制施行で浜松市天竜区)。
(注13) 愛知県旭町は、平成17年4月、編入により豊田市となりました。
(注14) 岐阜県藤橋村は、平成17年1月、六町村の合併により揖斐川町となりました。

わずかばかり、サクラの花も見ることができました。

◆ 「廃村 千選」一覧表（その1　産業別）

Team HEYANEKO

	都道府県	計	廃村	高過	農山村	開拓	鉱山	営林	炭鉱	離島	その他
1	道央	92	79	13	36	12	9	4	24		7
48	道東	87	58	29	49	21	7	2	4	1	3
49	道北	84	66	18	52	14	1	1	10		6
50	道南	22	21	1	7	8	5			1	1
2	青森	21	20	1	6	8	4	2			1
3	岩手	35	25	10	16	5	8	5			1
4	秋田	50	48	2	30	8	5	2	3		2
5	宮城	12	9	3	9	1	1	1			
6	山形	77	71	6	54	10	8	3	2		
7	福島	39	37	2	22	3	8	5			1
8	茨城	1	1	0							1
9	栃木	4	3	1	3	1					
10	群馬	9	8	1	1		5	3			
11	千葉	1	1	0	1						
12	埼玉	1	1	0			1				
13	東京	2	2	0						2	
14	神奈川	2	2	0				2			
15	新潟	84	74	10	71	8	4		1		
16	長野	25	22	3	22	1		1			1
17	山梨	5	4	1	3	2					
18	静岡	8	8	0	7			1			
19	愛知	2	1	1	2						
20	岐阜	40	39	1	33	5	2				
21	三重	5	5	0	3	1					1
22	富山	42	34	8	40		2				
23	石川	36	31	5	33	2					1
24	福井	37	31	6	34	2					1
25	滋賀	14	14	0	13		1				
26	京都	5	5	0	5						
27	奈良	6	6	0	6						
28	大阪	1	1	0							1
29	和歌山	8	6	2	8						
30	兵庫	8	8	0	8						
31	鳥取	4	4	0	4						
32	岡山	5	3	2	2					3	
33	島根	11	10	1	9	1			1		
34	広島	6	6	0	3	3					
35	山口	14	10	4	9			1		4	
36	香川	3	3	0		2			1		
37	徳島	12	9	3	9	1		1			1
38	愛媛	23	20	3	13	1	5	1		2	1
39	高知	21	17	4	15	3	1	2			
40	福岡	5	3	2	4				1		
41	佐賀	2	2	0	2						
42	長崎	11	9	2		1			2	8	
43	大分	5	3	2	2		1	2			
44	熊本	13	11	2	5	2	1	4		1	
45	宮崎	26	22	4	10			15			1
46	鹿児島	12	11	1	2	5		4		2	
47	沖縄	6	4	2		1				5	
	総計	1044	888	156	663	131	79	61	48	31	31

	地方
1	北海道
計	285
2	東北
計	234
3	関東
計	20
4	甲信越
計	114
5	東海
計	55
6	北陸
計	115
7	関西
計	42
8	中国
計	40
9	四国
計	59
10	九州
計	74
11	沖縄
計	6

（注1）　高過＝高度過疎集落 を示す。
（注2）　離島＝離島の農村＋離島の漁村 を示す。
　　　　その他＝旅籠町、発電所集落、本土の漁村（農漁村を含む）、温泉集落、都市近郊を示す。

廃校廃村を訪ねてⅡ（甲信越東海）
本　編

#1　安曇野・廃村に通じる県道は全面通行止

長野県美麻村高地(みあさ こうち)

廃村 高地に建つ離村記念碑です（平成11年建立）。

#1-1

「廃村と過疎の風景（3）」のサブタイトルは「学校跡を有する廃村」ということで、従来よりもターゲットがはっきりしています。「学校跡を有する廃村」（略して「廃校廃村」）の全国調査は県単位、主に国会図書館で行いました。明確な線引きを避けるため、「高度過疎集落」もリストに含めました。

始まりは平成17年5月中旬、最初に調べたのは岐阜県と長野県です。選んだ理由は、足を運んだ「廃校廃村」の数が全国一多く（当時14か所）、様子がわかりやすい岐阜県と、それほど足を運んだ「廃校廃村」の数がなく（当時3か所）、様子がわかりにくい長野県を比べることで、見つけるための勘を養おうと思ったからです。

#1-2

結果、5月下旬には岐阜県で38か所、長野県で17か所の「廃校廃村」を見出すことができました。平成12年の春頃には、全国のどこに廃村があるかほとんどわからなかったものですが、5年ほどでずいぶん変わったものです。県別リストは、7月末までに福井県、滋賀県、秋田県などがまとまり、総数は287か所、最終的には500～600か所と予想しました。

「学校跡を有する廃村」のフィールドワークは、埼玉の地元 関東とその近辺（甲信越・東海）に絞り込むこととし、最初の旅は長野県、時期は8月のお盆休み前と決めました。場所は、いくつかの候補地の中から、特徴がある美麻村の高地と飯山市(いいやま)の堂平、沓津、堀越、北峠の5か所を訪ねることになりました。

#1-3

美麻村は県北部 大町市(おおまち)の東側の小さな村で、人口は1,230人（H.17）。かつては麻の特産地だったとのこと。美麻村の廃村 高地（Kouchi）は、村の南東部、県道（小島信濃木崎停車場線）沿いにあり、大字高地に含まれる17の小集落（女生山(のしょうやま)、寒方地(かんぽうち)、品生(しなしょう)、日影(ひかげ)、日向(ひなた)、松合(まつごう)、和田(わだ)、土口(どぐち)、曲尾(まがりお)、保尾(ほや)、小米立(こごめだち)、明賀(みょうが)、胡桃蔵里(くるみぞうり)、神出(じんで)、屋敷平(やしきだいら)、桂(かつら)、若栗(わかぐり)）のすべてが廃村になったという特徴があります。

昭和46年の地形図では、標高700～850mの山中に散らばっていたこれらの集落名は、平成15年の地形図ではほとんどなくなっていました。「すべてが廃村」という形態は、行政村の廃村と似ています。

群馬県から、十石峠を越えて信州に入る

朝霧の中で見かけた、高地へ向かう道の案内板

高地へ向かう道は、ガケ崩れで通行止になっていました。

1-4

はじめの一歩の信州・廃校廃村探訪の旅は、keiko（妻）との3泊4日のツーリングです。初日の8月6日（土）は、南浦和から群馬県上野村、十石峠、佐久経由、美麻村大塩の民宿「しずかの里」までの290km。天気はおおむね晴。宿は新しい住宅地の一角にありました。

大塩から分校跡がある高地の曲尾までは約7km。バイクならば余裕の距離です。ただ、夜に宿のご主人（前川さん）に伺った話では、高地に向かう道は昨年秋の台風によるガケ崩れで通行止になっているとのこと。

翌2日目、8月7日（日）は早朝5時起き。朝霧の中「どこまでバイクで行けるかな？」と思いながら、5時半に単独で高地へと出発しました。

1-5

人気のない上り坂を走り、登りきったあたりには新しい神社があり、全面通行止の看板がありました。「バイクならば走れるだろう」と縄をくぐって進むと、100mほどで道が削られた箇所に重機が止められ、塞がれていました。地図で調べると、ここから曲尾までは約4km。しかたがないので、その先は歩いて行くことになりました。

バイクを置いた場所から10分くらい歩くと、道が大きく崩落した箇所に出くわしました。残った道の幅は狭いところでは1mほどしかなく、工事はまったく施されていません。谷底に向かって落ちたガードレールを見下ろすと、緊張感が走ります。

1-6

崩落箇所を過ぎると、なだらかな下りの道が続くのですが、長くクルマが通らない道にはコケが生えており、すべらないよう注意が必要です。霧の立つ緑が茂った道からの見晴らしはあまり利きません。

崩落箇所から20分ほどで、道から少し入った場所に廃屋を発見しました。しかし、地図を見ても何という村なのかはわかりません。お地蔵さんやいくつかの廃屋や土蔵を見ながらさらに20分ほど歩くと、保屋橋という橋があり、場所が特定できてホッと一息。保屋から曲尾はすぐそばです。6時半頃、曲尾橋を渡ると、右手に大きな石碑、左手に門が見え、無事分校跡に到達することができました。

真新しい高地彰徳神社（平成15年建立）

碑の表面には『ふるさとを偲ぶ』と刻まれていた

#1　安曇野・廃村に通じる県道は全面通行止

高地分校跡から離村記念碑を見る

曲尾橋の縁には土蔵が建っていた

#1-7

　石碑の表には「ふるさとを偲ぶ」という題で集落ごとの戸数と出身者名、戦没者芳名、裏には「高地の里」という題で地図と集落ごとの戸数が記されていました。また、横に並んだ別の碑には「記念碑建立要旨」が記されており、平成11年10月建立とありました。

　碑によると、最大規模の集落は和田で14戸。次いで、寒方地と小米立が各11戸ですが、以下は9戸以下の小集落で、土口は1戸、日影は2戸、日向、明賀、胡桃倉里、神出、屋敷平、若栗は各3戸しかありません。17集落すべて足すと96戸でした。

　要旨には「ふる里高地の灯を消して既に二十五年」と記されており、計算すると高地が廃村になったのは、昭和49年となります。

#1-8

　美麻南小学校高地分校は、へき地等級2級、児童数29名（S.34）、閉校は昭和44年。閉ざされた門は往時の分校の入口で、乗り越えて坂を上ると分校跡の敷地を確認することができました。

　昭和59年発行の道路地図には高地に温泉のマークがあり、気になっていたのですが、後に宿で「美麻村史」を調べると、それは分校跡を活用した「高地温泉保養センター」という公共の施設で、昭和46年に営業を開始したとありました。宿泊もできる施設でしたが、廃村の地には根付かず、昭和54年には閉鎖されました。経緯を知らなかったこともあり、その後も湧いていたという温泉の痕跡はわかりませんでした。

#1-9

　朝食時には戻る予定なので、ゆっくりとはできません。碑の地図によると、分校跡（曲尾、戸数9戸）から新しい神社の間にある廃村は、保屋（戸数6戸）、神出、桂（戸数4戸）の3集落。途中、きちんとした脇道が確認できたのは、保屋から松合（戸数4戸）の方向に向かうダートの林道だけでした。

　1時間少しかけてバイクを置いた場所まで戻り、新しい神社を確認すると「高地彰徳神社　平成15年5月建立」とありました。神社では地域の方と出会えたので、ご挨拶すると、県道とは別に曲尾まで歩ける山道があることを教えていただきました。

#1-10

　霧が立つ湿度の高い道を急ぎ気味で歩いたもので、8時ちょうどに宿に帰ったときには服は汗でにじんでいました。高地までの道のりはなかなか厳しく、早朝の単独行は正解でした。

　この日の行程は、美麻「しずかの里」9時40分発で、鬼無里、戸隠、野尻湖経由、飯山市斑尾高原のペンション「タマの家」までの98km。天気はおおむね晴。鬼無里でおやきを買って、野尻湖でボートに乗りながら食べてのノリは、ツインのツーリングならではです。

　「信州新町からの県道は曲尾まで通じているのかな」と思いついたのは、鬼無里でおやきを買った頃でした。

（2005年8月7日（日）訪問）

（追記1）　長野県美麻村は、平成18年1月、編入により大町市美麻となりました。

　おおむね平成16年から18年のうちに行われた平成の大合併、広域自治体はだいぶなじんできましたが、必ず旧市町村の名前も意識しています。

（追記2）　長野県美麻村高地は、平成25年8月の宮崎県西都市片内まで、足かけ9年（丸8年）続いた「廃村全県踏破」のはじめの一歩にもなりました。

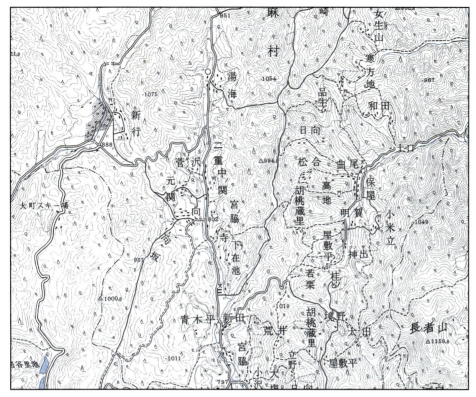

高地

5万分の1地形図
大町
1971年
国土地理院

　高地は、旧美麻村中心部から10km離れた、標高700m（分校跡）の山間にあった。この地形図だと北は女生山から南は若栗までの16小集落が（ゴシック体で記された）高地にあたる。今の地形図の集落名は、高地と桂のみである。
　美麻から高地を通り信州新町へ抜ける県道は舗装だが頼りなく、冬季は通行止となる。地形図では、神出－若栗間に車道がない代わりに小集落間に多数の歩道（破線）が見られる。

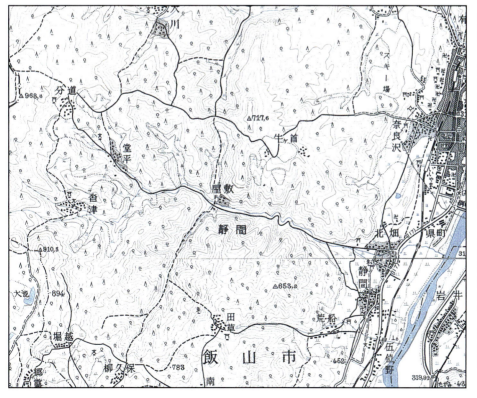

堂平
沓津

5万分の1地形図
飯山　1965年
中野　1964年
国土地理院

　堂平、沓津は、ともに飯山駅から8kmの距離にあり、標高は640m（堂平）、660m（沓津）である。
　この地形図では、屋敷（廃村）－沓津間に道は記されていないが、かつて川沿いには棚田が開かれており、歩道はあった。分道（現住集落）－沓津間には車道が作られたが廃道となり、今は歩くこともできない。
　今の地形図には、堂平、沓津、屋敷など、廃村の地名はなく、鳥居マークが沓津の目印になっている。

#2 斑尾高原・4つの廃校廃村の現在

長野県飯山市堂平、沓津、堀越、北峠

廃村 沓津に建つ離村記念碑です（昭和59年建立）。

#2-1

 長野県飯山市は古くから信州と日本海を結ぶ交通の要所として栄えた歴史のある市で、人口は25,902人（H.17）。観光でも寺の町（雪国の小京都）、斑尾高原リゾート、戸狩温泉など、著名なスポットがあります。

 しかし、全国でも有数の豪雪地のため、山間部における冬は厳しく、高度成長期後期（昭和46年～48年）を中心にいくつかの廃村が生じました。「飯山市誌」ではこれを「解村」と表しており、屋敷、柳久保、沓津、田草、北峠、堀越の解村年月が記されていました。

 今回目指した「廃村」は、このうち分校跡がある沓津、北峠、堀越と、同じく分校跡がある堂平（高度過疎集落、後に冬季無人集落化）です。

#2-2

 これだけ「学校跡を有する廃村」が集中している地域は全国的にもあまりなく、5月末に見つけて以来、興味深く思っていました。

 6月に長野市在住の吉川泰さんが作成した「長野県の廃校リスト」を拝見する機会があり、そこには458校の廃校がリストアップされていました。飯山市内は22校あり、堀越、沓津、堂平には平成7年現在 木造校舎が残っているとのこと。

 旅2日目（8月7日（日））、斑尾高原のペンション「タマの家」着は午後2時半。この日の午後は標高約1000mのリゾートで、のんびり避暑のひとときを過ごしました。宿のご主人（野村さん）はモトクロスに興味をお持ちで、ツーリングのお客さんも多いとのことです。

#2-3

 旅3日目（8月8日（月））、天気はおおむね晴。keikoと2台のバイクで宿を出発したのは午前9時。最初に目指したのは斑尾高原からいちばん近い堂平（Doudaira）です。分道という小さな集落で主要道を外れると、道はどんどん田舎っぽくなっていきます。

 まず見出されるのは、赤い屋根の一軒家 堂平分校跡です。飯山小学校堂平分校は、へき地等級2級、児童数42名（S.34）。昭和50年に閉校してからも冬季分校として昭和57年まで使われました。現在は「杜のママ」とい

菓子工房兼個人宅となっていた堂平分校跡の建物

銀色の堂平の火の見やぐら

沓津分校跡には、二階建てモルタル造校舎が建っていました。

う菓子工房兼個人宅として使われています。分校跡から500mほど坂を下った堂平の集落では、銀色に塗られた火の見やぐらと、その横の倒壊した家屋の青い屋根が目を引きました。

2-4

堂平は標高640mの緩斜面にあり、その規模は4戸・10名（H.17）。近くの家のおばあさんに会えたので、「こんにちは」とご挨拶をしたのですが、あまり話は弾みませんでした。思えば廃村探索で出会って話をするといえば、年配の男性が多数で、女性は少数です。keikoにそのことを話すと「そりゃ見知らぬ人、それも背の高い男性に声をかけられたら女性はこわい」との声。「なるほど」と納得する私でした。

次に訪ねたのは堂平から2kmほどの距離にある廃村 沓津（Kuttsu）です。堂平・沓津・飯山市街の三差路には「入山禁止 沓津愛郷保存会」「熊出没注意」という看板がありました。沓津への道には舗装道ながら急斜度のカーブがあり、keikoは苦労しています。

2-5

沓津は標高約660mの緩斜面にあり、「飯山市誌」によると、解村は昭和47年3月とあり、分校の閉校と同時期です。耕作された田んぼがあり、萱葺き屋根の家屋が残り、アジサイやハナガサギクが咲く集落跡は、のんびり過ごすにはちょうど良い雰囲気があります。

「公衆電話 電報」の看板が印象的な萱葺き屋根の家屋の箇所から脇道に入ると、数軒の倒壊した建物が目につきました。しばらく歩くと、二階建ての分校跡の建物が見つかりました。秋津小学校沓津分校は、へき地等級2級、児童数17名（S.34）。裏から回り込んで入口に着くと、入口の横には水を飲んで休んでいる地域の方（50代の男性）が居て、意外なところでバッタリ出会ったということで、ドキッとしました。

2-6

ご挨拶をすると、この方（佐藤さん）は沓津に住まえていた方で、草刈りに来られていたとのこと。佐藤さんには雪下ろしのこと、春と秋の祭りのこと、学校跡の手入れのことなど、いろいろお話をしていただきました。「公衆電話 電報」の看板について尋ねると、看板があるのは佐藤さんの家で、分校の玄関脇にあった公衆電話を、閉

朽ちた家屋のそばにはハナガサギクが咲いていた

萱葺き屋根の家屋の軒に公衆電話の看板がかかっていた

#2 斑尾高原・4つの廃校廃村の現在

沓津・急な坂道の上には神社が構えていた

長いダートを走って堀越に到着

校後、佐藤さんの家の土間に移していたことからあるものとのお返事でした。

旅人の目には手入れされているように見える沓津ですが、佐藤さんが「年々建物は傷んで、崩れる家も増えて、自然に帰っていくようで寂しい」と言われていました。佐藤さんの家も、この冬の雪で屋根が傷んでしまったとのこと。

#2-7

分校跡をクルマの入口のほうから後にすると、道の反対側には離村記念碑があり、裏面には建立時期（昭和59年9月）と移転者の名前（25名）が刻まれていました。また、旧分校跡とも記されており、今の分校（昭和30年11月落成）の完成前は、碑の場所が分校だったようです。

離村記念碑の少し上手には錆びついた火の見やぐら、さらに上手には木製の鳥居がある神社がありました。沓津は見所の多い廃村です。

沓津からは三差路まで来た道を戻り、飯山市街へ向かうとすると、清川沿いの道はダートになりました。オン車のkeikoを気にしながらも、オフ車の私はご機嫌です。途中の廃村 屋敷（昭和46年12月解村）は、道沿いを見る限り田んぼがあるだけでした。

#2-8

飯山市街は、雪よけにひさしを長くした「がんぎ造り」や融雪用の地下水による道路の赤さびが印象的。JR飯山駅前の観光案内所を訪ねた後、そばを食べて、寺町など一般的な観光地にも足を運びました。

午後の目標は、廃村 堀越（Horikoshi）と立石(たていし)分校跡です。飯山市街を午後1時40分に出発して、秋津小学校から山に向かって進むと、田草川沿いの道はほどなくダートになり、「ちょっと一服」にちょうど良いタイミングで着いたのが廃村 田草です。「飯山市誌」には田草の解村は

昭和47年12月とありますが、春から秋にかけては今も1～2戸の暮らしがある様子です。

#2-9

田草から比較的フラットなダートを4kmほど走り、ようやく到着した堀越は、標高約700mの高原面にあり、飯山市街を見下ろすことができます。数戸の家屋が見当たりましたが、神社を回っても「堀越」の名称は見当たらず、「本当にここは堀越？」と少々頼りなげでした。

「飯山市誌」には堀越の解村は昭和55年12月（2戸・9名）とあり、立石分校の閉校（昭和55年3月）とほぼ同時期です。

地形図では、立石分校は堀越の三差路から田草の方向に500mほど離れた所に分岐点があり、そこから逆S状の道を300mほど入った所に記されています。しかし、分岐点は見当たらず、keikoには堀越で待ってもらい、単独で藪かきをすることになりました。

#2-10

藪の道は、はっきりトレースできる部分もあれば、背

堀越で見かけた土蔵

長野県飯山市堂平、沓津、堀越、北峠

丈ほどの高さがある部分もあり、かき分けているとどんどん汗が出てきます。電線を頼りに道なき道を進んでいくと、行く手に空色の屋根が見えました。「着いたかな？」と思って近づくと、分校跡という雰囲気ではありません。人気があるのでよく見ると、それはkeikoでした。どうやら別の道をたどって堀越に戻ってしまったようです。

地域の方も見当たらず、単独行動を続けるのも良くないので、ひとまず撤収です。ダートをさらに進むと、幸い1.5kmほど（豊田スキー場近く）で新しい主要道と合流できたので、大池近くの「まだらおの湯」に入って一服です。

#2-11

ふたりで一度宿に戻って、地図をしっかり確認した後、単独でリベンジに出かけたのは夕方4時55分。堀越、沓津、堂平を時計と逆回りに回る一周約30kmのコースです。堀越の三差路からメーターで確認して500mの地点には、草むらへ電線が入っていく箇所があり「ここしかない！」と藪をかき分けてしばらく進むと、うっすらとトレースできる道がありました。こうなればしめたものです。

注意深く逆Ｓの字に道をたどると、立石分校跡の二階建ての木造校舎が見出されました。秋津小学校立石分校は、へき地等級2級、児童数21名（S.34）。昭和32年8月落成の校舎は、閉校後の昭和58年には長谷川豊さんという陶芸家の方が作業場として使われたとのこと。

#2-12

藪の中のため、見つかってからも近づく道がはっきりせず、足元に水槽があったりでおっかなびっくり。苦労の末接近し、中の様子をうかがうと、一階には職員室、宿直室、講堂、二階には教室が2つありました。小さな

立石分校跡では、二階の教室まで行くことができた

分校が二階建てで造られるのは、雪国の特色のようです。

手入れがなされない状態で、豪雪地に立ち続けている木造校舎の姿は、見つけるまでの大変さもあり、とても感動的でした。

立石分校跡を後にしてからは、やや急ぎ足で田草川沿いのダートを下りて、清川沿いダートを上って、袋小路の沓津にも、もう一度立ち寄りました。錆びついた火の見やぐらを見上げると、午前中の沓津がずいぶん昔のことのように思えました。

#2-13

「タマの家」に戻ったのは6時50分頃。食事をとって落ち着くと、この日行かなかったもうひとつの廃村 北峠（Kitatouge）のことが気になってきました。斑尾高原から北峠までは、山ルート（湧井・関谷経由）なら約15km、

藪をこいで何とか見つけた立石分校跡の建物

夕暮れの、黒く錆びた沓津の火の見やぐら

#2　斑尾高原・4つの廃校廃村の現在

北峠集落跡には、木製の電柱が残っていた

北峠分校跡には、門柱が残されていた

市街へ一度下りるルートなら約23kmですが、どちらの道をたどっても北峠周辺の道の事情は悪そうです。野村さんに確認したところ「おそらく山ルートで大丈夫だろう」とのことでした。

旅4日目（8月9日（火））の天気も晴。早朝5時に起床して、北峠を目指して5時半に単独で宿を出発。途中、希望湖ぐらいまではリゾートの匂いがありました。ちなみに、斑尾高原リゾートは高度成長期に造成され、最初のホテル・スキー場のオープンは昭和47年12月とのことです。

#2-14

野村さんに教えていただいた関谷から分岐した林道は道幅の細いダートで、単独行は正解でした。2.5kmほどでソブの池に出て、ここで市街ルートと合流。道は四差路になっていましたが、「全面通行止」の看板があるダートに「この方向」という雰囲気を感じました。

ダートを注意深く進むと1.5kmほどで盆地状の広がりが見つかり、北峠に到着しました。「飯山市誌」によると北峠の解村は昭和48年10月（6戸・21名）で、分校の閉校と同時期です。

バイクを降りてあたりを見渡すと、作業小屋代わりの三角屋根に覆われた軽自動車と傾いた木製の電柱ぐらいしか見当たりませんでした。

#2-15

改めて地図を確認したところ、分校跡は小高くなった場所にあり、草深い山道をたどると、校名の入った石柱と「海抜640米」と刻まれた石柱が並んで建っていました。草むした分校跡を歩くと、奉職者の名前（30名）が刻まれた石碑と、崩壊した校舎跡が見つかりました。

外様（とざま）小学校北峠分校は、へき地等級2級、児童数19名（S.34）、最後の校舎の落成は昭和31年11月。校舎跡のがれきの中には、立石分校で見たのと同じような、階段の手すりと思われる固まりが含まれていました。北峠分校も、二階建の木造校舎だった様子です。

帰り道は市街ルートを使ったため、ようやく飯山市街から斑尾高原に向かう主要道を走ることになりました。

#2-16

「タマの家」に帰ったのは7時50分頃。2泊すれば宿にもしっかりなじみができます。3泊4日の旅の最終日は、斑尾高原から地獄谷、渋峠経由、南浦和までの約250km。地獄谷では温泉に入る野猿を観察し、標高2172mの渋峠では涼しさを堪能しました。

菓子工房・個人宅として今も使われている堂平分校、廃村になりながらも大切に手入れされ続けている沓津分校、廃村となり放置されながらもしっかり建ち続けている立石分校、何もなくなった集落跡に石碑やがれきだけが痕跡を残す北峠分校…　飯山の4つの廃校廃村の分校跡は、四者四様の姿となって、「かつてそこに村があった」ことを伝え続けていました。

（2005年8月7日（日）訪問）

（追記1）　堂平は平成18年冬の豪雪で孤立したことを契機に冬季無人集落となり、平成19年8月には閉村式が行われました。

（追記2）　屋敷の集落跡には、平成19年5月、JR飯山駅から沓津へ歩いて往復したときに立ち寄りました。川沿いの道より少し高い所にある作業小屋には地域の方がいて、「清川の谷にはダムができる計画があったが、田中康夫知事の頃、取り止めになった」とのお話を伺いました。

＃3　中信・偶然見つけた峠の上の廃校舎

長野県生坂村入山（いくさか　いりやま）

廃村 入山の時が止まったような分校跡の教室です。

＃3-1

　平成18年の冬は全国的に寒い上に雪が多く、「長野県飯山市、栄村（秋山郷）、新潟県津南町（つなん）といった豪雪地帯では、4mを超える積雪があり、集落の孤立、建物の崩壊が起きている」といったニュースが流れました。「雪降ろしはうんざり」という声は何度も耳にしました。

　高度過疎集落 堂平（どうたいら）の住民の避難、市街地の体育館の崩壊が報じられた飯山市には、前年夏に行って、サクラの頃になったら改めて訪ねてみようと思っていた廃校廃村（沓津（くっつ）、堀越（立石分校））があり、私はニュースのたびに「分校は大丈夫かな」と気になっていました。

　4月になっても寒い日が続いていたので、飯山市観光協会に問い合わせるなどした結果、訪ねる時期はGW明けの5月中旬となりました。

＃3-2

　「長野県の廃校リスト」の吉川泰（よしかわたい）さんとお会いするにもよい機会です。電話でご連絡をしたところ、「14日の日曜日ならば一日お付き合いできる」とのこと。当初JR飯山駅から自転車を借りて出かける予定だったので、クルマに便乗させていただけるとずいぶん楽になります。

　日程は、仕事の都合で10日の水曜日の休みが取りやすかったので、10日（水）＝「サクラの可能性がいくらか高いが年休が必要、吉川さんとお会いできるのは夜に2時間ほど」、14日（日）＝「年休は不要で吉川さんとゆっくりお会いできるが、サクラの可能性は低くなる」の間で天秤を掛けました。それに当日の天気を判断要素にした結果、悪天の水曜日は見送りとなり、日曜日に実行することになりました。

＃3-3

　前日の土曜日（5月13日）は、東京地方も長野も一日雨。「クルマならば、午前中飯山を回って、午後からはもう一つか二つ、信州の廃校廃村を廻れるのではないか」と思い付き、高速を使えば行ける生坂村入山（Iriyama）と、松本市（旧四賀村）東北山（しが　ひがしきたやま）の古い地形図を、国会図書館でコピーしました。そのことを吉川さんにメールすると、「長野県内なら、古い地形図はすべてある」との力強いお返事をいただきました。

　当日、5月14日（日）の起床は朝5時50分頃。幸い天気はまずまずの好天。朝一番の新幹線で、大宮から長野を1時間14分で移動し、長野駅到着は朝8時4分。やはり新幹線は早いです。しかし、地形図は吉川さんのお返事に甘えてしまったからか、忘れてしまいました。

＃3-4

　長野駅の改札で吉川さんに合流。「はじめまして」の吉川さんは、私と同い年（昭和37年生まれ）の高校の社会科の先生です。会話がてら午前中の行程の打合せをし、沓津分校、立石分校の順で巡ろうとなりました。私は昨年8月ぶり、吉川さんは10年ぶりとのこと。

　飯山南高校の近くから清川沿いのダートを走ると、道の荒れ方が気になりました。日当たりの悪いところには雪が残っており、春の雨が加わってあちこちでガケが崩れている様子です。それでも、周りには農作業をされる方の姿も見えます。午前9時15分、沓津・堂平の三差路に着くと、沓津側には「道路工事のため通行止」という沓津愛郷保存会名の車止めがあり、ここから先は歩いて行くことになりました。

＃3-5

　沓津までの1.5kmほどの道も土砂で荒れている箇所がありましたが、地域の方が十数人、道を整える作業をされていました。ご挨拶をして先に進むと、三差路から20分ほどで沓津分校に到着しました。残念ながらサクラはほぼ散り、ほんの少し花を残すのみになっていました。

　グラウンドに多くの軽トラックが置かれた分校の入口の扉は開けられており、作業が終わったらここで食事会をされるような雰囲気でした。二階の窓に地域の方（男性）

この日は飯山市沓津・堀越をあわせて回りました。

の顔が見えたので、ご挨拶をしてお話をし、「中を見せてください」とお願いすると、快諾をいただきました。

沓津分校の閉校は昭和47年。中の様子を見ると、廃村の中の廃校舎がこれだけ整った形で残されていることに改めて驚くところです。

3-6

感謝状や写真が飾られた教室跡で、昨年8月にもお会いした佐藤さんとお話をすると、佐藤さんは50代後半で、弟さんは分校最後の卒業生とのこと。沓津愛郷保存会では、年に二度（春と秋）、神社の例祭を行い皆が集うとのこと。今日は来週に行われる春の例祭の準備で、道や集落の整備をしているとのこと。今年は雪が多く、例年GWに行われる例祭は3週間延期になったそうです。

そのうちに、吉川さんの知り合いの先生が沓津分校に勤められていたことがわかり、話は盛りあがりました。「来年は解村35年の節目なので例祭もより盛大に行いたい」という佐藤さんの言葉は、故郷を思う地域の方の声を代表するようで、とても印象に残りました。

3-7

気になっていたサクラの時期は例年ならばGWの頃とのこと。「来年、また来るべきかなあ…」と思いながら、裏側から撮った写真は、サクラのなごりにスイセンの花、公衆電話の看板がある萱葺き屋根の家がひとつにまとまり、よい感じに撮ることができました。

三差路まで戻って、堂平、斑尾高原、堀越は素通りして、立石分校跡入口に到着したのは午前11時20分。夏と違って藪は薄く、多少の倒木はあるものの、道をたどるのは全然楽です。吉川さんによると、10年前は分校跡のグラウンドにクルマを乗り入れることができたとのこと。入口から10分ほどで、分校跡校舎が見出されました。夏にははっきりしなかったプールの跡も、すっきり見ることができました。

沓津・分校跡の校舎に案内していただいた

沓津分校跡の教室は、閉校後34年経過しても整っていた

長野県生坂村入山

堀越・立石分校跡の敷地でプールを見つけた

春の立石分校跡の校舎は、すっきりして見えた

#3-8

立石分校の閉校は昭和55年、昭和34年には21名だった児童数は閉校時わずか2名でした。遠目には昨夏とほとんど変わらない分校跡校舎でしたが、近づいてみると、壁が崩れたり窓枠が落ちたりして、豪雪の被害を受けていることがわかりました。

「秋津小学校の沿革」によると、沓津分校の現校舎の落成は昭和30年、立石分校は昭和32年。名実ともに兄弟関係といえる両分校です。

吉川さんによると、両木造校舎の壁はモルタルで塗られており、豪雪地仕様になっているから強いのではないかとのこと。プールの横で山菜採りをしている地域の方とお話をすると、「手入れはされてなくても、この分校は地域の顔なんだなあ」と感じられました。

#3-9

クルマに戻って、車窓越しに堀越の集落を見ましたが、萱葺き屋根の家にかぶせられていたトタンがずれ落ちていたり、蔵の萱葺き屋根がぐしゃりと乱れていたりで、豪雪の被害が目に付きました。分校跡を挟んで反対側の柳久保(やないくぼ)には、今回も行きませんでした。

お昼の食事は、中野市（旧豊田村）親川(おやがわ)の信州そば屋さん。吉川さんには、伊那のほうで私が気が着かなかった分校跡がある廃村を3つほど紹介していただいたりで、話はつきません。「午後の目標はどうしましょうか」と、ふたりで古い地形図を見ながら考えること数分。「入山、東北山の方面へ行きましょう」と提案し、高速道路を飯山豊田ICから麻績(おみ)ICまで走ることになりました。

#3-10

「長野県の廃校リスト」に挙がっている廃校の数は458校。吉川さんはそのうち306校を確認されています（H.17）が、入山分校、北山分校はともに未確認となっています。このことを吉川さんに尋ねると、「現地にはクルマで行くので、山が深い場所では取回しがしづらく足を向けにくい」とのこと。その意味では今回は良い機会であり、山中のUターンなどではしっかりナビをしなければいけません。

当初、吉川さんは「車道がはっきりとある東北山のほうがよい」という雰囲気でしたが、私は事前の調査で入山に家が一軒あることを知っていました。結局、「家があるところまではクルマはいけますよ」という私の声を採用していただき、入山を目指すことになりました。

#3-11

生坂中央小学校入山分校は、へき地等級2級、児童数19名（S.34）、昭和40年閉校です。古い地形図を見ると、分校は入山と丸山という2つの山村集落のほぼ真ん中の峠の上にあり、神社のマークと並んであります。目標が二つあるということで、場所は特定できそうです。

県道からダートもある林道を4kmほど上がり、午後3時40分頃到達した終点には家がありました。家の玄関先にはおばあさんが座っていたので、まずご挨拶をしました。私もしゃがみ込んでお話をすると、おばあさん（池田さん）は一家5人で住んでいて、お子さんはクルマで里へ通勤しているとのこと。「わしゃ松本なんかで暮らしとうない」「ここは住むにはいいとこなんよ」という言葉が印象的でした。

#3　中信・偶然見つけた峠の上の廃校舎

入山・分校跡案内板の奥に、往時の校舎が見えた

#3-12

　生坂村は長野市と松本市の間にありますが、松本市にやや近く、長野県の中の地域区分では中信と呼ばれます。長野市や飯山市が含まれる北信の気候とは明らかな差があり、入山は標高690mという山の中にもかかわらず、この冬でも雪は30cmくらいしか降らなかったそうです。

　「分校や神社には手前に分岐する道があるが、わしゃ全然行っていないからわからんよ」との声に送り出されて道を戻ると、歩くのがやっとという狭い山道が見当たりました。クルマを分岐点に止めて、山道を歩き始めると、古い蔵や廃屋を見つけることができました。「生坂村誌」によると、入山は戸数17戸（S.40）が1戸を残すのみ（H.4）となり、丸山は無人になったとあります。

#3-13

　山道を歩き始めて20分（およそ1km）。道が峠に差しかかると、左手にちらりと建物が見えました。先を歩く吉川さんから「すごいものを見つけました！」との声。

教室には往時の教育雑誌が残されていた

明治44年に建った校舎が、崩れながらも残っていた

　私も続いて確認すると、「旧生坂入山分教場跡」という生坂村教育委員会名の看板があり、草木が茂った運動場があり、その後には二階建ての古びた校舎跡が建っていました。「あっても痕跡だけだろう」と想像していたので、これはびっくりです。

　看板には「明治44年新築移転」と記されており、建物の様子を見たところ、明治44年に建てられたと考えてよさそうな感じでした。教室跡には机や椅子、「へき地教育」、「へき地通信」といった往時のものがそのまま残されており、圧倒されるばかりでした。

#3-14

　神社のほうは、分校の裏山にあったと思われるのですが、はっきりした痕跡は見当たりませんでした。クルマが入れない場所にある廃校は、300校を超える廃校を探索している吉川さんも初めてとのこと。私もこれほど山道を歩いた場所にある廃校を訪ねたのは初めてです。

　帰り道のクルマで吉川さんと話していて気づいたことは、「廃村の廃校は、土地を再使用する見込みがない場合が多く、そのままの形で残りやすい」ということです。私は市街地の廃校に目が行かないので、吉川さんと行動をともにして「なるほど」と思ったことです。

　その後、JR信越線篠ノ井駅近くの焼肉屋で打上げをしたので、帰りの新幹線は上田駅発夜9時13分、大宮着10時14分となりました。

（2006年5月14日（日）訪問）

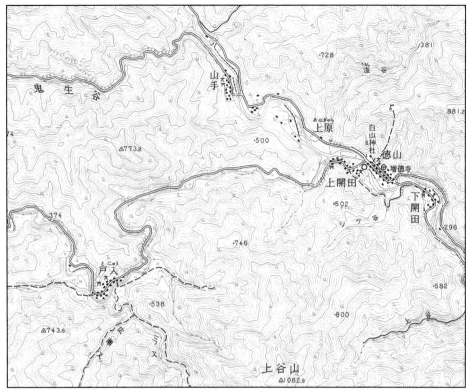

徳山本郷
戸入

5万分の1地形図
冠山
1976年
国土地理院

　徳山本郷（徳山）は、揖斐駅から38km離れた標高300mの揖斐川と西谷の合流点そばにあった。戸入は、徳山本郷から5km離れた標高360mの西谷沿いにあった。
　徳山本郷には徳山村役場があり、山間としては大きな集落だった。戸入には村第二の規模があった。
　現在の地形図には「入」の字形に徳山湖（ダム湖）が広がっている。水面高は395m、湛水面積（13.0km²）は諏訪湖（12.8km²）よりも大きい。

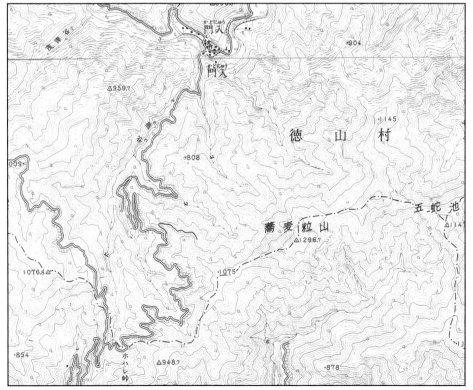

門入

5万分の1地形図
冠山　1976年
横山　1976年
国土地理院

　門入は、徳山本郷から13kmほど離れた西谷の奥にあった。標高は440mあり、水没は免れたが、通じる車道がなくなった。
　地形図では、黒谷沿いからホハレ峠を越えて旧坂内村へ続く車道が記されているが、この道は王子製紙の私道で、廃道となって久しい。現在、門入を訪ねるには昔ながらの山道を歩くほか手段がないが、今の地形図には使えない廃道しか記されておらず、門入の地名も見られない。

#4 徳山村・水没直前の廃村の風景

岐阜県揖斐川町（旧藤橋村）徳山本郷、櫨原（はぜはら）、塚、山手、戸入（とにゅう）、門入（かどにゅう）

廃村 徳山本郷に最後まで残った校舎と銀行の看板です。

#4-1

ソーシャル・ネットワーキング・サイト（SNS）の草分け「mixi」（ミクシィ）にSCEの佐藤さんからの紹介を受けて参加したのは平成16年8月、「廃村コミュニティ」を立ち上げたのは、「廃村(3)」の旅が始まる3か月前の平成17年5月でした。

コミュでは、いくつかの新たなオンラインの出会いがありましたが、なぜか東海地方の方との縁が深く、県別のトピックでは、「岐阜県の廃村」がいちばんの活況を呈しています。中でも最も話題になるのは、日本最大の貯水量（6億6000万立方m）を誇る巨大ロックフィルダム（徳山ダム）の堤体（堤高161m）の完成により、平成18年秋に試験湛水が始まり、水没することが決まっている旧徳山村（現揖斐川町徳山など）です。

#4-2

私は平成18年元旦、八丈小島と徳山村へのフィールドワークの実施を「廃村コミュ」に目標として挙げました。徳山村は、何があっても水没する前にもう一度足を運びたかったからです。そのうちに、現地でキャンプをしたいと思うようになり、コミュで仲間を集いました。

その結果、八丈小島（6月上旬実施）に引き続いての廃猫さん、水上みなみさんに加えて、愛知県在住のばばしんさん、水上さんのご主人のよっぱさんの5人がメンバーとなりました。日程は「8月上旬の土日」に決まり、私は年休消化なしの1泊2日の旅です。

先立って7月初旬に愛知県チームと私で行った名古屋打合せオフは、単に顔合わせの飲み会になり、打合せはオンラインで行いました。

#4-3

徳山ダム建設の調査開始（昭和32年）から49年、工事の着手（昭和41年）から40年、自治体 徳山村の消滅（昭和62年）から19年。賛成派の方も反対派の方も、旧村民の方もダム工事関連の方も、今年は特別な年に違いありません。

徳山村の語り部としてなじみだった増山たづ子さんは、ダム完成直前の今年3月7日、米寿をまっとうして他界されました。増山さんが「徳山村写真全記録」（影書房刊、1997年7月初版）のあとがきに書かれた「私たちの大事な故郷が後々の世に、一人でも多くの方のお役に立てたらよいですが、地震でダムが壊れるようなことがあれば下流の人たちは大変です」（一部意訳）は、何とも意味深なメッセージです。

#4-4

徳山キャンプの出発、8月5日（土）の起床は朝4時半頃。天気は快晴。荷物は大きなコマ付きカバンと小さ目のリュックひとつ。新幹線に乗って、8時21分に到着した岐阜羽島駅で、ばばしんさん、水上さん夫妻と合流です。チームの足はばばしんさんと水上さんの2台のクルマです。

樽見鉄道本巣（もとす）駅で廃猫さんと合流し、駅近くのスーパーでキャンプの買い出しをして、ダム直下の藤橋城（鶴見、東杉原）を目指しました。

鶴見の入口に位置する建設作業員向け居酒屋「わっしょ

真新しい「昭和32年当時の東杉原家並み」の石碑

徳山小学校跡の校舎は遠目で見ただけにしました。

い」はすでに店終いしており、ダム建設作業はおおむね終わったことが感じられました。まずまず人気がある藤橋城を通過して、橋を渡った東杉原の食事処「すぎはら」には提灯がありましたが、お昼はお休みでした。

#4-5

東杉原に建つ家は現在2軒。立ち寄った神社跡には真新しい家を形どった「昭和32年当時の東杉原家並み」という大きな石碑があり、60数戸の家が描かれていました。東杉原にはダム工事のため休止中のキャンプ場があり、このメンバーがキャンプをするには良さそうです。

藤橋城のある公園の食事処で昼食をとり、2台のクルマはいよいよ徳山村へと向かいました。途中で垣間見た徳山ダムの堤体は確かに完成しており、ダム湖を横切る新しい国道（R.417）の長い橋もつながった様子でした。橋を渡らない徳山本郷集落跡を見下ろす高台には「徳山会館」という3階建ての建物ができており、「水を溜める準備はすべて整った」という印象を受けました。

#4-6

徳山本郷到着は午後1時10分頃。時折工事の車両が通るだけで、人気はほとんどありません。クルマを止めた村役場跡の「ふるさとの碑」は、台座を残してなくなっていました。いよいよフィールドワーク開始ですが、真夏の日射しはすごい暑さで、5人ともおそるおそるです。

徳山小学校はへき地等級1級、児童数173名（S.34）、昭和62年休校（平成4年閉校、閉校時の名称は藤橋小学校本郷分校）。そのまま湖底に沈むRC三階建の校舎の周りには盛り土が施されていました。すでに全員訪ねているため、今回はみんな遠目で見ただけです。ばばしんさんの案内により初めて見ることができたパチンコ屋の看板は、商工会、銀行の看板と一緒に、本郷の中心部に残っていました。

#4-7

往時の徳山小学校には分校が5つありました。今回は住宅地図により場所の特定ができているので、計画ではすべての分校跡を廻る予定です。

最初に訪ねたのは東谷（揖斐川沿い）の櫨原（Hazehara）です。国道沿いの空地には穴が10数個あり、遺跡の発掘が行われた様子です。

徳山小学校櫨原分校はへき地等級2級、児童数66名（S.34）、昭和61年閉校。国道からの分校へ向かう上り坂はすっかり夏草に埋もれていました。廃猫さんが先導

姿を現した徳山ダムの堤体（zinzinさん撮影）

徳山本郷は、銀行があるぐらい大きな集落だった

＃4　徳山村・水没直前の廃村の風景

櫨原・国道沿いの空地では遺跡の発掘跡があった

櫨原・分校跡ではトイレの跡が見出せた

した新しい工事用の車道から集落跡を見下ろすと、遠目ながらも分校跡のトイレの跡を見出すことができました。

次に訪ねたのは東谷最奥の塚（Tsuka）です。プレハブの作業小屋がある大きな樹の陰では、作業員の方々が暑さをしのいでいました。

＃4-8

徳山小学校塚分校はへき地等級3級、児童数29名（S.34）、昭和58年閉校。国道から少し入った分校跡の敷地には、養蜂の四角い巣箱が置かれていましたが、巣箱の跡という様子でした。少し高い場所には代替の新しい国道が見え、塚も湖底に沈むことが実感できました。

クルマはここで折り返し、櫨原－本郷間の脇道に入った山手（Yamate）を目指しました。山手に向かう町道の分岐点には警備員さんがいましたが、クルマを降りて「分校跡を見に行きたい」とのお願いをすると、快諾をいただきました。

山手橋を渡ってすぐにクルマを停めて、上り坂を歩くと、倉庫の土台、石垣、防火水槽、神社跡の石碑などを見つけることができました。

＃4-9

徳山小学校山手分校はへき地等級1級、児童数30名（S.34）、昭和60年閉校。分校跡は防火水槽がある四差路からさらに坂を上った場所にあり、廃校好きの私と廃猫さんは、二人で一足先に分校跡に到着しました。

分校跡の敷地には何もありませんでしたが、「間違いなくここは校庭」という雰囲気は残っていました。しばらくすると、水上さん夫妻とばばしんさんが分校跡に到着。校庭跡で3人を迎えた私と廃猫さんは、しゃれっ気で「おはようございます」と声をかけると、「おはようございます！」という返事が来ました。帰り道、高台から見下ろした揖斐川と山手橋は、往時の景色のままのように感じられました。

＃4-10

次の目標 戸入（Tonyuu）に向かう途中の徳山本郷は通過です。夕方の西谷（西谷川沿い）の道は静かで、セミの声もアブラゼミからヒグラシに代わりました。戸入到着は5時少し前。戸入は増山たづ子さんの故郷であり、この旅のキャンプ地の第一候補でもあります。

塚・大きな樹とプレハブの作業小屋

山手・往時の景色のままのように思えた揖斐川と山手橋

岐阜県揖斐川町徳山本郷、櫨原、塚、山手、戸入、門入

戸入・キャンプ設営地で見上げたレモン月（水上さん撮影）

戸入・土盛りの上からキャンプ設営地を見下ろす

　第二候補の東杉原へ「これから下りよう」という声はあるはずもなく、5人は「事業用地管理棟」の敷地におもむろにテントを張りました。キャンプのセットができた頃に夕陽は沈みましたが、七輪を囲んでのバーベキューは、暗くならないうちに始めることができました。
　夜空にレモン月が輝き始めた頃にはあたりはすっかり涼しくなり、私は沖縄三線を弾いたりしながら皆と戸入の夜を楽しみました。

4-11
　翌6日（日）の起床は朝5時頃。外はすでに明るくなっていましたが、川沿いの山間、朝もやがかかっており、テントは夜露でびっしょりです。まずは、増山さんの写

戸入・下手の橋（吊り橋）を渡ることができた

真集でも印象深く登場する下手の橋（吊り橋）をひとりで見に行きました。5月に訪ねた水上さんのレポートによると、「橋は落ちてしまっていた」とのことでしたが、ワイヤには張りはあり、敷かれた鉄板も平たく連なっていました。
　ひとりで渡るのはためらいがあったので、一度キャンプに戻り、誰かが起きるのを待っていると、廃猫さんが登場してくれました。再び吊り橋まで歩き、廃猫さんが見守る中、ワイヤに手をかけながらおそるおそる橋を渡ると、無事向こう岸に到達することができました。

4-12
　続いて工事の方が来られる前に神社、道場（住職が常駐しないお寺の施設）、分校跡を見つけようと、ひとりで町道の山側を探索しました。
　徳山小学校戸入分校はへき地等級3級、児童数57名（S.34）、昭和60年閉校。4月の水上さんのレポートでは、「分校跡では水飲み場が雪の中から顔を出していた」とあるのですが、その後の工事で根こそぎ掘り起こされたらしく、地図を照らし合わせても何も見出せません。
　新しい工事用の車道を上がり、プレハブの作業小屋の近くを探索すると、「戸入船着場」と書かれた看板があり、どうやら掘り起こしは船着場を作るための工事のようです。作業小屋より少し上がった車道の裏側には、「神社跡かも」と思わせる石垣が残されていました。

4-13
　キャンプに戻ると全員そろっていて、朝食のひとときとなりました。朝もやが消えて晴れ出した町道には、ダンプカーに加えて、門入方面に向かう一般車が何台か走り、その数の多さに廃猫さんから「門入ではお祭りがあるのでは」という声が上がりました。
　私、廃猫さん、ばばしんさんが上手の橋を見に行って

#4　徳山村・水没直前の廃村の風景

門入・分校跡には金網が残っていた

門入・神社跡は綺麗に草刈りされていた

いるうちに、日曜だけ参加の「廃村コミュ」仲間、「サラリーマンの休日 ちょっと行ってくる」Web の管理者 zinzin さんがオフロードバイクに乗って登場され、メンバーは 6 人になりました。のんびり過ごした戸入を出発したのは朝 9 時 45 分頃。携帯が通じない戸入では、「事業用地管理棟」のピンクの公衆電話（10 円玉を入れる形式）が役に立ちました。

#4-14

　西谷最奥の門入（Kadonyuu）への曲がりくねった町道は、クルマだと 30 分近くかかりました。zinzin さんのバイクは軽やかそうです。

　徳山小学校門入分校はへき地等級 5 級、児童数 57 名（S.34）、昭和 62 年閉校。ダムが完成しても水没しない門入では大規模な工事はなく、分校跡も落ち着いています。長い間草に埋もれていたはずの神社跡は、故郷を偲ぶ公園の構想のためか、綺麗に草刈りされていました。

　橋の近くに親子連れの方がいて、私もひととき子供達に混じって川遊びです。遊びの後に「HEYANEKO さん」と声をかけられて、お父さんが「廃村コミュ」仲間、「北海道旅情報」Web の管理者 きたたびさんとわかり、びっくり。コミュの記事を見て、来てくれたのですね。

#4-15

　門入の 5 戸ほどの山小屋（作業小屋）は、すべて古い住宅地の外側に建っています。そのうちの一戸、真新しい泉さんの山小屋をばばしんさんと一緒に訪ねて、お話を伺うと、泉さんは山林の管理のため、無雪期には週に一度は本巣市の自宅から門入へ来られるとのこと。また、ダムができたら門入へ通じる陸路がなくなるため、国道沿いの船着場と戸入の間はフェリーが運行される見込みということ。

　このお話を聞いて、戸入の船着場は遊覧船の類ではなく、ダム管理のフェリー用ということがわかりました。ダムが完成し、運用されるまで、どうなるかは見当がつかないことですが、フェリーが航行できるダム湖というのは、徳山ダムのスケールをよく表しています。

#4-16

　「廃村コミュ」で、「門入では蜂蜜が買える」と話題になった養蜂場は、泉さんの山小屋の近くにありました。百花蜜（複数の花々より採取した蜜）とトチ蜜（トチの花の蜜で、薄い色）があったので、私は百花蜜を買いました。

　もうひとつ気になっていたのが門入大橋の手前、昔の住宅地に一軒残っていた家屋です。探索の終わりに 6 人で見に行きましたが、春に取り壊されたとのことで、コンクリートの土台と廃材になっていました。土台のそばに奉られているお地蔵さんのよだれかけは白く、時折お参りに来る方がいる様子です。ばばしんさんの提案で野に咲く花が供えられたお地蔵さんに、メンバーはまちまちに手を合わせました。

門入・家屋の土台のそばにお地蔵さんが奉られていた

岐阜県揖斐川町徳山本郷、櫨原、塚、山手、戸入、門入

集団移転団地がある本巣市文殊の徳山神社

徳山神社の夏まつりでは「茅の輪くぐり」に参加した

4-17

お昼を過ぎたので、分校跡でおやつを食べて、門入を出発したのは午後1時頃。泊まりを含めて24時間徳山村を堪能したメンバーの足取りは軽く、戸入、徳山本郷、藤橋城と通過して、ばばしんさんお勧めの谷汲温泉でお風呂と昼食、そしてひととき休憩。

樽見鉄道谷汲口駅で廃猫さんを見送り、「もうひとがんばり」と5人で訪ねた本巣市民俗資料館に移築された戸入の古民家（神足家）は、日曜休館のため外観しか見ることができませんでした。「あともうひとがんばり」と最後に訪ねた、徳山村からの集団移転団地がある本巣市文殊の徳山神社では、偶然にも夏まつりの奉納提灯が飾られていました。祭りの開始は夕方5時。「門入祭り」ならぬ「徳山祭り」の始まりです。

4-18

神主さん、烏帽子をかぶった祭りの衣装の方々、地域の方々に混じって、私たちも茅の輪くぐり（疫病や罪が祓われるという夏まつりの神事）に参加しました。この神事について知らなかった私は、祭りが終わるまで「あの輪にはいつ火を点けるのだろう」と思っていました。

お堂にも入って、徳山村に縁がある方々に囲まれながら、お参りから提灯を作った子供達の表彰式まで、しっかりと参加しました。

祭りは6時過ぎに終わって、徳山村フィールドワークのチームもここで解散です。ばばしんさんに岐阜羽島駅まで送っていただき、新幹線に乗ると、午後10時過ぎには東京駅に到着していました。これほど濃い廃村探索ができたのは、「廃村コミュ」の横のつながりのおかげです。

（2006年8月5日（土）〜6日（日）訪問）

（追記1） 岐阜市郊外にある岐阜ファミリーパークには、増山たづ子さんの萱葺き屋根の家（徳山の家）が移築されています。私は秋（11月4日（日））に足を運びましたが、ひととき昔ながらの徳山村を味わうことができました。

（追記2） 山手、戸入、門入へ向かう町道は、9月1日以降通行禁止となりました。そして9月25日、徳山ダムの試験湛水が始まり、12月末頃、徳山小学校跡の建物は水没しました。

（追記3） 徳山ダムは平成18年3月、竣工しました。ダム湖は徳山湖と名付けられました。

徳山本郷・試験湛水によって水が入り始めた（平成16年11月）

#5 山梨・さまざまな表情の分校たち

山梨県甲州市(旧塩山市)滑沢、
山梨市(旧牧丘町)柳平、甲斐市(旧敷島町)大明神

高度過疎集落 滑沢の当時休校中だった分校です。

#5-1

「学校跡を有する廃村」リストの作成は、コツコツと国会図書館に通った成果が実を結んで、平成18年7月、新潟県を最後に全国一巡しました。この時点で見出すことができた「廃校廃村」は927か所となりました。1年前の予想数(500～600か所)よりもはるかに大きい数です。

平成18年の目標、リスト作成の全国一巡は達成し、未訪の関東の「廃校廃村」は5か所(群馬県旧利根村平滝・倉見、神奈川県清川村札掛、山北町地蔵平(以上初訪)、埼玉県旧大滝村小倉沢(再訪)、当時)になりました。しかし、改めて考えると、これらは年内に廻らなければいけないわけではありません。

代わりに、新たに見つけた身近な「廃校廃村」として行きたくなったのが、山梨県(総数2か所、当時)旧塩山市滑沢、旧敷島町大明神です。

#5-2

資料を調べたところ、滑沢(Namesawa)は明治40年の恩賜林への入植によりできた集落で、現戸数は2戸(H.18)です。昭和49年に休校になった滑沢の分校は33年目になった今も休校中。どんな感じの分校なのか、興味が湧きました。

大明神(Daimyoujin)は茅ヶ岳の南麓の戦後の開拓集落で、現在は別荘地になっている様子です。大明神の分校は昭和33年開校にもかかわらず、昭和46年発行の地形図には文マークはおろか集落も集落名も記されていません。この存在感のなさも興味の対象となりました。

滑沢、大明神とも、事前の地図の確認では分校の場所の特定ができませんでした。見つかるかどうかは、出たとこ勝負となりました。

#5-3

滑沢と大明神の間には、柳平(Yanagidaira)という現戸数4戸(H.18)の戦後の開拓集落があり、柳平の分校は今も存続しています。

山梨市(旧牧丘町)柳平は、全国的にも分校を有する最小戸数集落に違いありません。また、柳平分校は存続校日本一の高さ(標高1496m)を誇ります。そして、柳平には「金峰山荘」という宿があり、宿泊するにはちょうどよさそうです。

近くの乙女高原や昇仙峡といった観光地も、足を運んだことはありません。クリスタルラインなど、静かな林道を走るのも楽しみです。いろいろ考えた末、山梨の廃村への旅は、金峰山荘へ1泊2日、keiko(妻)と2人、バイク2台のツーリングとなりました。

#5-4

山梨ツインツーリングの出発は、9月24日(日)。天気は快晴で気温はほぼ平年並み。年休取得1日です。

南浦和出発は、朝9時少し過ぎ。「のんびりいきましょう」と高速には入らず所沢、飯能から正丸峠を越えて秩父市へ。R.140に入ってしばらくの旧荒川村秩父鉄道三峰口駅に到着したのは12時50分。駅前のそば屋で昼食をとるための寄り道だったのですが、駅にはちょうどSLが着いたところでした。keikoはSLを見たのは初めてとのこと。予想外の展開はわくわくして楽しいものです。

三峰口駅で偶然出会ったSL (パレオエクスプレス)

滑沢では、一人住まれるおばあさんと話すことができました。

駅で調べたところ、このＳＬ（パレオエクスプレス、C56型）は主に土日、熊谷から三峰口までの間を往復しているとのことでした。

#5-5

三峰口から先、旧大滝村のR.140では旧道を選んで、駒ヶ滝トンネル前、栃本関所跡などで一服しながらのんびりした行程です。長い雁坂トンネルを越えて山梨県旧三富村に入り、上萩原から入った枝道にはダートが残っており、秘境の雰囲気が漂ってきました。

滑沢キャンプ場を過ぎて、標高970mの滑沢に到着したのは午後3時半頃。「滑沢にはうるさい番犬がいる」という情報を廃フリOFFで得ていたのですが、なるほど、予想通り4匹ほどのイヌに吠えられました。しかしそこはバイクの強味、走り抜けて事無きを得ました。

地形図に文マークがある沿いを探しましたが、それらしきものは見つかりません。しかたがないので番犬がいる家へと向かいました。

#5-6

家に近づくと再びイヌたちに吠えられましたが、すぐに飼い主のおばあさんと出会うことができ、同時にイヌたちはおとなしくなりました。

「こんにちは」とおばあさんにご挨拶をして、分校の所在を尋ねると、さらに枝道に入って丸木橋を渡った場所にあるとのこと。

keikoとふたりで細い地道を上がって行くと、あやしい丸木橋の先の茂みに隠れるように建つ分校を見つけることができました。

松里小学校滑沢分校は、へき地等級2級、児童数16名（S.34）、昭和49年より休校。おばあさんの家のほか人気のある家はなく、分校の周囲には年期が入った数戸の廃屋があるばかり。33年の空白を越えて、分校が復活する可能性は皆無のように見えました。

#5-7

探索しているうちに先のおばあさんがやってきて、3人で分校の前に座り込んで話をすることになりました。滑沢に生まれ育ったおばあさん（雨宮さん）は84歳。お話によると、川沿いの分校は昭和34年に台風により倒壊し、今の分校は翌年（昭和35年）に建ったものとのこと。

木製の分校の門柱は腐って倒れて、橋は流されて電柱を倒した丸木橋になったとのこと。また、廃校にはなっていないため、年に一度は市の教育委員会関係の方が分

滑沢分校の校舎は、茂みに隠れるように建っていた

滑沢・分校の周囲には数戸の廃屋が建っている

#5 山梨・さまざまな表情の分校たち

柳平分校の校舎は、民宿の対面に建っていた

柳平・校庭にはブランコに並んで「農魂碑」が建っている

校を訪ねられるとのこと。古びてはいるもののしっかりしているのは、管理されているからなのでしょう。

後日、教育委員会の方に存続の理由を尋ねたところ、「地区の人が集まる場所として、何かの用件で使うことを考えて」とのことでした。

#5-8

陽が傾いた滑沢を後にして上萩原に戻ったときには、イヌたちには吠えられませんでした。R.140と分かれる旧牧丘町窪平から柳平までの県道（途中から杣口林道）は15kmで1000mも上がります。柳平到着はぎりぎり明るさが残る夕方5時40分。走行距離は170kmでした。

この日の「金峰山荘」の宿泊客は私たち二人だけ。柳平は9月上旬放映のNHK TV「鶴瓶の家族に乾杯」で取り上げられていて、宿のお母さんの顔はTVで見たままでした。ログハウス調の登山・ハイキング向けの宿は広々として居心地よく、夕食のバーベキューも食べきれないぐらいのボリュームでしたが、標高1500mの高所の気温は低く、食事の後は9月にしてこたつに入って、焼酎のお湯割りを飲んでいました。

#5-9

翌25日（月）の起床は朝6時半頃。まずは宿の対面にある分校を訪ねました。門は工事で閉ざされており、出入りは脇道からです。

牧丘第一小学校柳平分校はへき地等級3級、児童数9名（S.34）、現へき地等級は4級、児童数1名（H.18）。昭和38年以降の児童数は多くて4名、ひとりになったことも10数回あるものの、休校は1年しかありませんでした。しかし、この日は月曜日にもかかわらず、分校には人気はありませんでした。

広く感じられるグランドの隅には鉄棒、ブランコに並んで「農魂碑」、「柳平開拓の唄」という石碑が立っていました。碑文を要約すると、柳平は満州からの引揚者によって昭和21年に開拓され、一時は12戸の暮らしがあったが、幾多の試練の末4戸が定着したとのこと。

#5-10

朝食の後、建設中（平成19年竣工予定）の琴川ダム（堤高64m、貯水量515万立方m）の建設工事の様子を見て、柳平を出発したのは午前9時20分。次の目的地大明神まではクリスタルラインなど山道を走るため、なかなかの距離があります。乙女高原の探索道も駐車場で一服しただけです。

途中に甲府市黒平（くろびら）という山間の小集落があり、ジュースの自販機があったのでバイクを停めて買いに行くと、向こうから乳母車を押したおばあさんがやってきて、ご挨拶をすると「あの自販機はだいぶ前にこわれたぞ」と声がかかり苦笑い。滑沢、黒平のおばあさんとの会話は「鶴瓶の家族に乾杯」のようです。集落からしばらく走ると、学校跡らしき空き地があったので、再びバイクを停めました。

#5-11

keikoは何で停まったかピンと来なかったようなので「学校跡やからやよ」と説明すると、「そんなん ようすぐにわかるね」との返事。

黒平小学校は、へき地等級3級、児童数57名（S.34）、昭和53年閉校。建設会社のプレハブ小屋が建つ学校跡には、「想い出」と書かれた石碑と、朝礼台が残されていました。元生徒のkeikoがいるということもあり、朝礼台に上がって調子にのる私でした。

その後、野猿谷林道沿いの荒川ダムでも休憩をしたので、昇仙峡への寄り道はなしです。標高960m、県道沿いの別荘地 大明神に到着したのは11時頃。人気はないのでそのまま県道を先に進むと、偶然にも道沿い左側に

山梨県甲州市滑沢、山梨市柳平、甲斐市大明神

大明神分校跡の校舎は、診療所のように見えた

大明神・校舎のそばには錆びた遊具が残っている

それらしき建物を見つけることができました。

#5-12

　清川小学校大明神分校はへき地等級2級、児童数13名 (S.34)、昭和51年休校（昭和62年閉校）。「大明神山避難所」と看板があがった建物は分校跡に違いないのですが、黒い屋根という色調のせいか診療所のようにも見えます。別荘地からは離れており、周囲に住居はありません。

　分校の対面の枝道を入ると、往時の家を使った作業小屋が見つかり、近くには耕された畑とクルマがあったのですが、人気は感じられず、ブランコが空ろに揺れているばかりです。30分ほどの探索の間、大明神では誰にも会うことはありませんでした。

　昭和35年の児童数が4名、昭和52年の住宅地図に記された家が3戸散在ということからも、往時の大明神の規模の小ささがわかります。

#5-13

　帰り道は茅ヶ岳広域農道、増富ラジウムライン、信州峠を越えて長野県川上村、三国峠を越えて埼玉県旧大滝村と、オフロードバイクらしい行程を選びました。三国峠から先、中津川林道は約20kmダートが続きたいへんでしたが、ダートが終わった後の舗装道は空を飛んでいるように爽快でした。南浦和到着は夜の10時、走行距離は260km（2日間で430km）。最後まで高速なしで通しました。

　山梨ツーリングが終わり、これから先の「学校跡を有する廃村」の目標は、リストの精度向上、残り5か所の関東の「廃校廃村」全箇所訪問に加えて、「山梨、長野、新潟、静岡、愛知各県の「廃校廃村」をできるだけたくさん訪ねる」（新潟82か所、その他35か所、当時）にしようと思いつきました。

　　　　　　（2006年9月24日（日）～25日（月）訪問）

（追記1）　平成18年10月、一巡後の見直しの結果、全国の「廃校廃村」の数は1000か所になりました（集落跡688か所、高度過疎集落296か所、冬季無人集落16か所）。その後は「1000か所」という数字にこだわり、「新たな廃村の発見にあわせて、比較的戸数が多い高度過疎集落を外す」形でリストを更新しました（平成29年1月まで）。

（追記2）　平成19年3月、柳平分校は休校となりました。このため平成20年6月、柳平を「学校跡を有する廃村」リストに加えました。

（追記3）　平成22年、滑沢に住まれる方はいなくなりました。そして、平成24年3月、滑沢分校は38年の休校期間を経て閉校となり、同時期に木造校舎は取り壊されました。

帰路は、長野県から三国峠を越えて埼玉県へ戻った

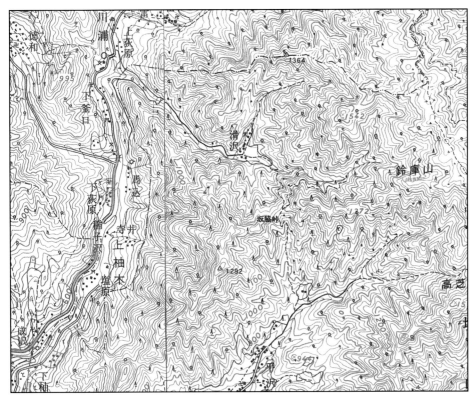

滑沢

5万分の1地形図
御岳昇仙峡　1971年
丹波　1973年
国土地理院

滑沢は、川浦(旧三富村中心部)から4km離れた標高970mの山中にある。本校(松里小学校)の所在地旧塩山市小屋敷からは旧三富村をかすめる道をたどって11km離れていた。

地形図の文マークは、昭和34年の水害以前の分校所在地に記されていると思われる。分校は昭和49年に休校となった後も永らく存続したが、平成24年に閉校となり(休校期間38年)、同時期に平屋建て木造校舎は解体された。

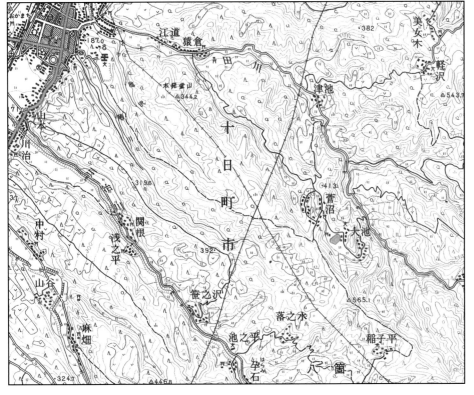

大池
軽沢

5万分の1地形図
十日町
1969年
国土地理院

大池と軽沢は、ともに十日町市街から7kmほど離れた魚沼丘陵の中にある(標高は大池390m、軽沢460m)。市街地には近いが積雪が多い魚沼丘陵には、いくつかの廃村がある。

軽沢の離村は昭和45年だが、分校は昭和48年まで存続した。これは分校校区内にもう一つの集落 美女木があったためで、美女木も昭和48年頃に離村している。

なお、平成20年、有志の手により「軽澤学校跡」の碑が跡地に建立された。

#6 中越・廃村に出かけて農家民宿に泊まろう(1)

新潟県十日町市稲子平、大池、軽沢、慶地

高度過疎集落 大池に残る学校跡校舎（現 私設美術館）です。

#6-1
　平成18年最後の廃校廃村への旅（ツーリング）は、単独、2泊3日で新潟県を目指すことになりました。「学校跡を有する廃村」リストにおいて、新潟県の数（82か所、当時）は、北海道に次ぐ大きな数ですが、その様子はネット上ではほとんど記されていません（当時）。
　地図で見る新潟県は、260kmにも及ぶ長くて単調な海岸線が印象的ですが、廃校廃村は中越の中山間部に集中しており、平成の大合併後の十日町市（旧十日町市、旧川西町、旧中里村、旧松代町、旧松之山町）には14か所もの廃村があります。この数は全国の自治体別の数ではトップクラスであり、埼玉県からの距離も比較的近いことから、十日町市近辺をターゲットとしました。

#6-2
　ところで、皆さんは「農家民宿」ってご存知でしょうか。農家民宿とは「農山漁村滞在型余暇活動のための基盤整備の促進に関する法律」で規定されたもので、「農林漁業者が、宿泊者に農山漁村滞在型余暇活動に必要な役務を提供する民宿」をいうようです。
　私が農家民宿を知ったのは、2年ほど前のテレビ東京の旅の番組でした。過疎の地を旅して地域の方と話をするのを趣味とする私はすぐに興味を持ったのですが、「どこにあってどのようなものなのか」はわかりませんでした。ネットで検索したところ、十日町市池谷に「かくら」、津南町百ノ木に「もりあおがえる」という農家民宿が見つかったので、ここに泊まって農家民宿を体験することに

なりました。

#6-3
　旧十日町市の廃村は、信濃川左岸の丘陵地帯（魚沼丘陵）に4つ（稲子平、大池、軽沢、慶地）あります。「かくら」のある池谷の戸数は7戸（H.18）。かつてあった分校の規模の大きさ（児童数45名（S.34））を考えると、高度過疎集落に数えてもおかしくはありません。
　大池の学校跡は、「ミティラー美術館」というインド民俗絵画を主とする私設美術館として活用されています。美術館の情報を調べていると、新潟県中越地震（平成16年10月23日）によって大きな被害を受け、存続が危ぶまれていたが、この7月22日に再開したとのこと。
　ネットでは「大地の芸術祭」という地域を挙げた祭典の話がよく出てきました。会期は7月23日～9月10日なので終わったばかりです。

#6-4
　新潟・中越ツーリング初日（10月13日（金））、南浦和出発は朝7時20分。天気は快晴。年休の取得は1日。関越道を六日町ICまで走れば、十日町市にはお昼前に着きますが、行程にこだわって渋川伊香保ICで下りて国道（R.17）の三国峠を目指しました。
　帰路は長野県飯山市から高山村、群馬県草津町を経由して、渋川伊香保ICに戻る予定です。この環状のルートで巡る予定の「廃校廃村」は全部で15か所（新潟県11か所、長野県3か所、群馬県1か所）。これほど数が多いと期待感も大きくなります。
　三国峠の古いトンネルを越えて、湯沢町苗場についた

三国峠のトンネルを越えて、新潟県に到着

大池小学校跡・校舎には「ミティラー美術館」の銘板がありました。

のは午前10時45分。さわやかな高原の空気に、旅の始まりが実感できました。

#6-5

南魚沼市六日町市街でラーメンを食べて一服し、国道(R.253)の八箇峠を越えて十日町市に入り、最初に目指した廃村は稲子平（Inagodaira）です。稲子平集落跡はR.253の孕石バス停から2kmほど入った浅い山の中にあり、里から気軽に通うことができそうです。

途中の道では「稲子平住民以外の山菜取り禁止」という新しい看板があり、その近くでは田んぼで農作業をされる方の姿が見えました。

標高460mの稲子平到着は午後1時15分。手入れされた家屋が3戸ほどあり、農作物を天日干しする年配の男性さんとおばあさんが居たので、ご挨拶をして冬季分校の場所を尋ねたところ、「川沿いにあったが今は雑草で埋もれとる」とのお返事をいただきました。

#6-6

八箇小学校稲子平冬季分校はへき地等級1級、児童数20名（S.34）、昭和48年閉校。年配の男性（阿部さん）とお話をすると、昭和49年の豪雪を契機に里へ下り、通いの耕作となったが、気候のよいときには今も稲子平の家に泊まることがあるとのこと。

のどかな雰囲気の稲子平を後にして、次に目指したのは、ミティラー美術館がある大池です（稲子平－大池間は7km）。途中の小集落 菅沼には、立正佼成会創設者 庭野日敬生誕地道場があり、大きな駐車場にびっくり。標高390mの大池は戸数3戸（H.18）の高度過疎集落で、美術館（学校跡）は大池という池のほとりにあります。広いグランドの奥には、補修された二階建て木造校舎が2棟建っていました。

#6-7

大池小学校はへき地等級2級、児童数94名（S.34）は新潟県の廃校廃村の学校の中でも最大級、閉校年は昭和57年。ミティラー美術館の開校翌57年5月。「ミティラー美術館」Webの「宇宙の森から文化を発信」という記事には、なぜ東京・浅草生まれの長谷川時夫館長が大池に移り住んだのか、なぜ大池にインド美術絵画なのか、私設美術館ならではのユニークな活動など、詳しく書かれています。

静かな美術館で絵画と古い校舎跡を見学し、大池の周りを探索すると、「森の自然をそのまま後世に残したい」

稲子平には、手入れされた家屋が建っていた

大池小学校跡・門柱には銘板が残る

新潟県十日町市稲子平、大池、軽沢、慶地

軽沢には、かまぼこ型屋根の作業小屋が建っていた

分校跡に立つ「グランド内で物を燃やさないで下さい」という看板

という長谷川さんの意志が伝わってくるようでした。また、池から少し離れた大池集落にはわずかに人気があり、赤い火の見やぐらが青空にそびえていました。

♯ 6-8

　静かで見所が多い大池を1時間弱で探索し、3つ目の廃村 軽沢（Karusawa）を目指して出発したのは午後3時10分（大池－軽沢間は6km）。軽沢は今の地図には地名も記されておらず、ミティラー美術館の館員の方に尋ねても「軽沢って聞いたことがない」とのこと。
　「どんな場所なんだろう」と興味深々で狭い県道をバイクで走ると、四差路に「林道大平－軽沢線終点」という標柱を見つけました。周囲にはかまぼこ型で角がある屋根の木造二階建て作業小屋があり、そばにはアウトドアのセットが置かれていましたが、人気はまったくありません。刈入れされた田んぼもあったので、「どうやら軽沢集落跡に着いたらしい」という確信が持てました。

♯ 6-9

　大池小学校軽沢分校はへき地等級2級、児童数21名（S.34）、昭和48年閉校。軽沢（標高460m）と美女木（標高440m）の2集落が校区だった様子です。人気はなく、看板や碑、お地蔵さんも見当たらない軽沢で学校跡を見つけるには、古い地形図が役に立ちました。
　県道から枝道に入ってしばらく歩くと、「これは学校跡に違いない」という草が刈られた広がりが見つかりました。脇にくず物が捨てられた門があったと思われる入口、正面奥の校舎に向かうコンクリートの階段など、わずかに往時を偲ばせるものが、学校跡の雰囲気を引き締めていました。また、広がり（校庭跡）の真ん中の焚き火の跡には「グランド内で物を燃やさないで下さい」という看板が立てられていました。

♯ 6-10

　続いて少し先、県道から地道に入った美女木も探索しました。美女木も廃村で、感じられた人気は籾殻を焼く煙ぐらいでしたが、いくつかの作業小屋があり、地道の脇には石碑があり、タイル貼りの風呂の浴槽が残ってお

軽沢分校跡は、地形図を使うことで見つけることができた

美女木・地道沿いに古い石碑が並んでいた

#6　中越・廃村に出かけて農家民宿に泊まろう(1)

焼き板を横に張った、雪国らしい三ツ山分校跡の校舎

り、集落跡の匂いは強く感じられました。

陽が西に傾いてきたので急ぎ気味に宿がある池谷に向かうと、途中の過疎集落 三ツ山(みつやま)に絵に描いたような二階建て木造校舎がありました。

新座(しんざ)小学校三ツ山分校はへき地等級2級、児童数77名(S.34)、平成3年より休校。十日町では、この分校跡の建物のように焼き板を横に張った壁の建物をよく見かけましたが、それは焼き板の防腐作用、建物の変形を防止する力が、雪国の気候によく合うからのようです。

#6-11

宿がある過疎集落 池谷に到着したのは、暗くなる直前の夕方5時（軽沢-池谷間は11km）。「まずは分校跡」と集落の外れにバイクを走らせると、焼き板壁ではない二階建ての校舎が見つかり、その入口には「池谷分校 JENセンター やまのまなびや」という看板がありました。

飛渡(とびたり)第一小学校池谷分校はへき地等級1級、児童数45名(S.34)、昭和59年より休校（平成16年閉校）。「かくら」に置いてあった「池谷・入山 "宝探し" マップ」によると、JENは地域おこしのNPO法人で、「やまのまなびや」

地域おこしのNPO法人の施設となった池谷分校跡の校舎

は震災直後の緊急支援、雪かきや農作業などのボランティアの拠点として活用されているとのこと。夕闇の分校跡には人気はなく、非日常的な一日の終わりによく似合っていました。

#6-12

長く感じたこの日の走行距離は285km。この日の宿、農家民宿「かくら」はこの春開業したばかり。宿で迎えてくれたのは私と同世代の姉妹（近藤さん）で、賑やかになるのかなと思ったら、夜は十日町市街の家に戻られるとのこと。囲炉裏がある広くて整備された二階建て・戸建ての宿には私ひとりで貸し切りで、民宿というよりも貸別荘のような雰囲気です。仲間と来たときは、囲炉裏を囲むと楽しそうです。

お茶を飲みながら近藤さんに池谷の話を伺うと、この家に住まれていた池谷に生まれ育ったおじいさんは、高齢になって息子夫妻が暮らす東京に越されるとき、「空き家になるのは忍びない」と、親交がある近藤さんのお父さんに引き継いで行ったとのこと。

#6-13

新潟県中越地震のことも伺うと、池谷でも田んぼが壊れるなどの被害はあったが、復興支援のボランティアが来るようになってから、集落の雰囲気が明るくなったとのこと。「うつむいて歩いてたおじいちゃんが、今は胸をはっている」という近藤さんの言葉は印象的でした。

復興支援でなじんだ都会の方の中には、雪かきや農作業のボランティアなどで繰り返し来られる方も多く、3年おきで三度目、震災後初めてという今年の「大地の芸術祭」は、前よりも賑わったとのこと。震災が地域の活性化のきっかけになったというのは、興味深い話です。

芸術祭のサブタイトル「越後妻有(つまり)アートトリエンナーレ 2006」で、私は妻有がこの地域の広域名称であることを知りました。

#6-14

近藤さんが帰られてから、紹介を受けた市街（下条(げじょう)）の和食のお店までは8km。クルマ（バイク）がなければ行くことはできず、「地方の暮らしはクルマ社会」ということも実感しました。夜の池谷では、明かりが灯った家は数軒しかなく、「廃れた村」という印象を受けます。

宿に戻って風呂に入ると、一日中バイクで走った疲れ

新潟県十日町市稲子平、大池、軽沢、慶地

農家民宿「かくら」は、戸数7戸の過疎集落 池谷に所在する

もあって、芋焼酎のお湯割りを少し飲んだだけで、午後10時前には就寝していました。

翌14日（土）の起床は朝6時。山村の宿に泊まると早寝早起きになりますが、山の朝の清々しさは気持ちのよいものです。「朝食の前にひとっ走り」と、昨日訪ねることができなかった4つ目の廃村（高度過疎集落）慶地（Keiji）を目指しました（池谷－慶地は5km）。

#6-15

標高280m、戸数3戸（H.18）の慶地に到着したのは朝7時。赤い屋根が印象的な神社の近くにバイクを停めて集落を歩くと、神社から枝道を下った先の家の前におばあさん（小宮山さん）の姿があったので、ご挨拶をして冬季分校の場所を尋ねたところ、「分校は神社の敷地の中にあって、閉校後も公民館として使っていたが、先の地震で傷んでしまったのでこの夏に取り壊した」とのお返事をいただきました。

東下組小学校慶地冬季分校はへき地等級2級、児童数26名（S.34）、昭和56年閉校。集落を一周した後、改めて神社を訪ねてみると、鳥居の左手にはガレキの山が残されていました。少し前まで建物が残っていたと思うと、残念なところです。

#6-16

「かくら」に戻ったのは8時少し過ぎ。日当たりのよい庭の隅でパンとミルクの朝食をとっていると、ほどなく近藤さん（お姉さん）がクルマに乗ってやってきました。部屋に入ってコーヒーを飲みながら旅の話をしていると、昨日話題になった「胸を張るようになった」というおじいさんが軽トラに乗ってやってきました。大きな声のおじいさんで、私は静かに近藤さんとおじいさんの話を横から聞いていました。

近藤さんから「今日はこれから芋掘りするんだけど、一緒にどうですか」とのお誘いを受けたのですが、この後も別の廃村をめぐる予定が詰まっています。「成り行きを楽しめる旅もいいなあ」と思いつつ、先に出かける近藤さんとおじいさんに向かって手を振りました。

　　　　　（2006年10月13日（金）～14日（土）訪問）

（追記1） 十日町市内の冬季分校の閉校年は、十日町市教育委員会の方に教えていただきました。

（追記2） 慶地は平成20年11月、大池は平成22年1月（積雪期）、軽沢は平成27年5月に、それぞれ再訪しました。

　そのうち軽沢では、平成18年10月に訪ねたときにはなかった「軽澤学校跡」の石碑（平成20年11月、有志建立）が見つかりました。

慶地の神社の一角には、冬季分校跡建物のガレキの山があった

分校跡に「軽澤学校跡」の碑が見当たった（平成27年5月）

#7　中越・廃村に出かけて農家民宿に泊まろう(2)

新潟県十日町市（旧川西町）越ヶ沢、大倉、藤沢、霧谷、津南町樽田、横根

廃村 藤沢に建つ冬季分校跡の建物です。

#7-1

　新潟・中越ツーリング2日目（10月14日（土））の廃校廃村の探訪エリアは、池谷からだと信濃川を渡った旧川西町と、旧中里村、津南町です。

　旧川西町には、広くない町域に冬季分校があった廃校廃村が6つ（越ヶ沢、大倉、田代、藤沢、霧谷、平見）もありますが、規模と廃校時期を見て、比較的よく雰囲気が残っていると思われる越ヶ沢、大倉、藤沢、霧谷の4か所を目指すことになりました。

　池谷の農家民宿「かくら」出発は朝8時55分。十日町市街には出ずに栄橋で信濃川を渡り、30分後に最初の廃村 越ヶ沢（Koshigasawa）に到着しました（池谷－越ヶ沢間は16km）。国道（R.252）の越ヶ沢トンネルを抜けるとバス停があり、私はバス停から坂を下りました。

#7-2

　旧川西町の廃村は標高170～350mの丘陵にあり、十日町市の廃校廃村と同じく人気はありそうです。刈入れが終わった田んぼに地域の方（年配の男性、Kさん）が居たので、ご挨拶をして「冬季分校跡はどこですか」と尋ねると、「すぐそばだよ」といって、私を軽トラに乗せて案内してくれました。

　中仙田小学校越ヶ沢冬季分校は、へき地等級1級、児童数19名（S.34）、昭和49年閉校。越ヶ沢の閉村は昭和60年。隣りに萱葺きの廃屋がある分校跡の平地には、ブランコを支える支柱が残っていました。一見穏やかな雰囲気の越ヶ沢ですが、冬の雪の深さは市街地とは比較にならないそうで、「俺の先祖は何を好んでこんな雪深いところに住んだのかね」というKさんの言葉は印象に残りました。

#7-3

　小1時間 越ヶ沢を探索した後、中仙田を経由して次の目標 大倉（Ookura）に到着したのは10時30分。大倉は戸数4戸（H.18）の高度過疎集落で、バス停があります（越ヶ沢－大倉間は約6km）。その後、大倉の戸数は2戸に減少しました（H.19）

　かまぼこ型の雪除け屋根が付いた神社（十二社）の前にバイクを置いて、大倉集落を歩くと、家屋や5mぐらいの高さの柵に掛けられた稲穂（はざ掛け）が目に入りましたが、人気はありません。分校跡の場所は確認済なので道を探すと、それはバイクも入れない山道でした。

　山道を上っていくと、つぶれた家屋、錆びた消火栓な

越ヶ沢トンネルを抜けると越ヶ沢バス停が見当たった

ブランコを支える支柱が残る越ヶ沢冬季分校跡

藤沢・熊野神社には堂々とした2本のご神木がありました。

どが見つかり、やがて「道はここまで」という雰囲気の広がりにたどり着きました。

7-4

赤岩小学校大倉冬季分校は、へき地等級2級、児童数35名（S.34）、昭和54年閉校。コンクリートの建物の土台や木の電柱が残っているので、この広がりが分校跡の敷地と考えてよさそうです。しかし草に覆われた敷地に、分校跡の雰囲気はあまり感じられませんでした。

大倉・神社にはかまぼこ型雪除け付きの本殿が建つ

大倉・冬季分校跡に続く山道で見当たった消火栓

3つ目の廃村 藤沢（Fujisawa）の集落跡は国道（R.404）の藤沢バス停から1.5kmほど入った場所にあり、昭和55年の住宅地図では18戸の家屋に加えて、冬季分校、神社、木工所、たばこ屋まで記されています。Web上には「棚田が美しい」という記事もあり、藤沢は訪ねる前から注目していた廃村でした。集落跡に着く前、途中の道から見上げた藤沢の棚田は、確かに見事なもので、バイクを停めて写真を撮りました。

7-5

藤沢集落跡に到着したのは11時50分（大倉－藤沢間は8km）。神社（熊野神社）の前にバイクを置いて探索開始です。境内の真ん中にはコンクリートの祠が鎮座しており、その脇には「懐郷」と記された離村記念碑、背には2本の大きなスギ（ご神木）と、迫力があります。

藤沢の閉村は昭和59年。境内に腰を下しておにぎりを食べて、碑文を見たところ、「部落民の今後の幸せを祈り耕地を守ることを誓いながらそして集落の存在を後世に示すため記念碑を建立し今後の心の支えとする」と記されていました。「耕地を守る」は、新潟の農村らしい言葉です。棚田があり、あちこちに家屋（作業小屋）が残り、人気も感じられる藤沢は、とても存在感がある廃村とい

藤沢・見上げた棚田は休耕田だった

#7　中越・廃村に出かけて農家民宿に泊まろう(2)

藤沢・集落跡を探索すると、冬季分校跡の校舎が見つかった

地域の方のご厚意で、校舎の中を見ることができた

#7-6
　冬季分校跡は神社から100mほどの場所にあり、赤い屋根の二階建て木造校舎が手入れされた状態で残っていました。そばの家屋に私と同年代の男性（茂野さん）の姿が見えたので、挨拶をして「分校跡を訪ねて来ました」と話すと、「中も見て行ってください」と嬉しいお返事。
　仙田小学校藤沢冬季分校は、へき地等級2級、児童数28名（S.34）、昭和58年閉校。校舎の一階は体育館で、今は農機具の収納庫として使われています。入口のピンクの電話は使用可能で、「年配の方の連絡手段にはこれが一番」とのこと。壁にはバスケットボールの籠と、「ぼくたちわたしたちのめあて」という貼り紙がありました。二階は教室が2つと職員室。今は集会などに使われることがあるとのこと。

#7-7
　木工所やたばこ屋の建物も残っていましたが、その外見は普通の民家と同じでした。「季節を改めてまた来よう」という気持ちになった藤沢の探索は、昼食休みを入れて1時間40分でした。
　4つ目の廃村 霧谷（Kiridani）は、藤沢とは対照的に存在感の薄い廃村です。住宅地図にはその名前はありませんし、県道から霧谷に向かう道は不明瞭な上にダートで、「この道で大丈夫なのか」と思いました。霧谷集落跡に到着したのは午後1時55分（藤沢－霧谷間は5km）。作業小屋が3つほどあり、刈入れされた小さな棚田もありましたが、地図に記された神社跡らしき場所には更地があるだけでした。

#7-8
　歩いて探索する気は起きないものの、「ひと通りは見ておこう」とバイクを走らせると、道の行止まりに作業小屋があり、年配のご夫婦とイヌが2匹居ました。「これはまずい」と急いでUターンしてバイクを置いた後、歩いて戻ってご挨拶。
　仙田小学校霧谷冬季分校は、へき地等級2級、児童数19名（S.34）、昭和46年閉校。霧谷の閉村は昭和47年です。
　「冬季分校を目指して来たのですが、どこにあったのでしょうか」と尋ねると、棚田の下に続く藪のところと教えていただきました。湧き水を頂戴して、お礼を行ってその場所を目指すと、「ここなのかな」という藪はありましたが、風情は感じられませんでした。

#7-9
　霧谷の探索を終えた後は、昨日から巡り始めた廃村の数が増えてきたこともあり、当初予定していた旧中里村の阿寺（Atera）行きはやめにして、景色が良さそうな渋海川沿いを走り、旧松代町、旧松之山町経由で、津南町の冬季無人集落 樽田（Taruda）を目指しました。
　樽田は、これまで巡った農村集落とは異なり、亜炭鉱

霧谷・神社らしき場所には更地があるだけだった

新潟県十日町市越ヶ沢、大倉、藤沢、霧谷、津南町樽田、横根

樽田・かまぼこ型屋根の数戸の家屋が建つ

で栄えた歴史を持つため、藤沢とともに訪ねる前から注目していた廃村でした。

「津南町史」によると昭和16年に味の素が炭鉱を事業化し、最盛期には50戸ほどの家があったとのこと。しかし、昭和42年に炭鉱が閉山し、炭鉱ができる前からの農家も高度成長の波により離村。現在は作業小屋や別荘があるものの、冬季に除雪はされません。

#7-10
　この日走った地域の国道・県道の多くは、広々としている上に交通量はわずかで爽快です。松之山からは峠を越えるとすぐ樽田に着くR.405を選んだのですが、先日の豪雨とため通行止となっており、樽田まで数kmのところからR.353まで戻るというロスが生じてしまいました。

　この日最後の廃村（冬季無人集落）樽田に到着したのは、日がすっかり傾いた午後4時10分。霧谷ー樽田間はロスの距離を含めると50kmありました。

　樽田の標高は500m（津南市街は240m）。バイクを下りて周囲を見渡すと、数戸の家屋と畑があり、人気も感じられましたが、夕方ということで時間は限られています。まず、国道沿いの作業小屋にいた地域の方（年配の男性）にご挨拶をして、学校跡の場所を確認しました。

#7-11
　外丸小学校樽田（とまる）分校はへき地等級1級、児童数50名（S.34）、昭和50年閉校。炭鉱閉山後、児童数はゆるやかに減少し、閉校前（S.49）は1名でした。草に埋もれた敷地では門柱らしき折れた石柱、つる草が絡んだ電柱、遊具らしき錆びた鉄管しか見つかりませんでした。

　狭い石段を上がった神社（十二神社）は、広めの境内にコンクリ造りの祠があり、その右隣には「十二八天宮改築の碑」という昭和57年建立の石碑と、氏子名を記したプレートがありました。碑には「昭和56年には6メート

樽田分校跡地には、遊具らしき鉄管が見当たった

ルに達する豪雪に見舞われ、神社の社殿が半壊」とあり、冬の樽田の厳しい気候が想像されます。また、プレートには、昭和35年の樽田集落の様子が描かれており、戸数は43戸とありました。

#7-12
　1時間の探索を終えて、蛍光色の外灯に見送られながら樽田を後にして、津南市街に着いたときには周囲はすっかり暗くなっていました。

　この日の宿、農家民宿「もりあおがえる」は、津南からのローカルバスの終点百ノ木（もものき）にあり、到着は夜6時ちょうど。長く感じたこの日の走行距離は104kmでした。お母さん（中島さん）に話を伺うと、宿はこの夏に開業したばかりで、百ノ木の戸数は9戸とのこと。おばあさん、高校生のお子さんと食卓を囲むアットホームな宿は、昨日の「かぐら」と好対照です。

樽田・十二神社には、コンクリ造りの祠が見られた

#7　中越・廃村に出かけて農家民宿に泊まろう(2)

農家民宿「もりあおがえる」は、バスの終点集落 百ノ木に所在する

横根・閉ざされた家屋の周囲に人の気配はなかった

ご主人は夜9時頃に十日町でのイベントに参加されたというお客さんを2人連れて帰って来られ、賑やかな夜に芋焼酎もはかどりました。

7-13

翌15日（日）の起床は朝5時。まだ薄暗い中、地図で見る分には宿から6～8kmほどの横根（Yokone）という廃村を目指しました。

津南町には、魚沼産コシヒカリ、豪雪、河岸段丘という三大名物がありますが、河岸段丘は日本一の規模を誇るといわれます。百ノ木は志久見川の谷底平野、横根は志久見川と中津川に挟まれた段丘面にあり、地形図の等高線も特異的です。

バスが通らない道を上り、下日出山（百ノ木から3km）は通過し、横根に向かう道がある上日出山（百ノ木から4km）を目指しましたが、分岐道を見出せず、秋山郷の方向にオーバーランしてしまい、「ちょっと気軽に」という雰囲気ではなくなってきました。

7-14

何とか段丘面まで上がると、そこは広々とした牧場でした。道は区画整理された様子で、古い地形図の道をたどることができません。

秋成小学校横根分校はへき地等級3級、児童数35名（S.34）、昭和45年閉校。谷底の上日出山、下日出山も校区に入っていました。文マークのあたりでは狭いダートにも入ったのですが、学校跡の痕跡を見つけることはできませんでした。

横根の集落跡は文マークから約1km北側、標高800mにあり、続いてこれを目指しましたが、大谷内という方角が違う集落を経由するなど、ここでもずいぶん回り道をしました。ようやく横根集落跡に到着したのは朝7時過ぎ、百ノ木からは20km走っていました。

7-15

横根ではお地蔵さん、弘法大師手形石、閉ざされた家屋、つぶれた廃屋などが見られましたが、人の気配はありませんでした。帰り道、横根の河岸段丘の縁から見下ろす下日出山は霞んでいて、上日出山に向かう下り道は1km近くまっすぐでした。「日本一の規模」に納得です。

上日出山（戸数6戸）には萱葺き屋根の家屋があり、おじいさんの姿が見えたので、「おはようございます」と挨拶をしてお話を伺ったところ、ふだん集落に居るのはおじいさんの家族の方だけで、11月中旬には津南市街に下りるため、冬は無人になるとのこと。

下日出山（戸数7戸）ではおばあさんに出会えたので、挨拶をしてかつてあった冬季分校の所在を伺うと、集落の端っこにあるとのこと。

横根の河岸段丘の縁から見下ろす下日出山は霞んでいた

新潟県十日町市越ヶ沢、大倉、藤沢、霧谷、津南町樽田、横根

上日出山には萱葺き屋根の家屋が並んでいた

#7-16

　秋成小学校横根分校下日出山冬季分校はへき地等級4級、児童数16名（S.34）、閉校は昭和40年。このように3つ学校名が並ぶ分校は孫分校とも呼ばれます。かつては新潟県、富山県などに30校ほどありましたが、現在は1校も残っていません。私も初めて見る孫分校跡の校舎は、グレーの屋根をもつ小さな二階建て木造校舎でした。校舎は集落の公民館として活用され、通年で暮らされる家は3戸とのことです。

　「もりあおがえる」に戻ったのは8時15分。予定よりも遅い朝食を食べた後、庭に出ると池のほとりで中島さん夫婦とお客さん達がたき火を囲んで栗を焼いていました。朝のことを話すと、中島さんから「ちょっと変わった学者さん」という称号をいただくことになりました。

#7-17

　皆さんの見送りを受けて「もりあおがえる」を出発したのは9時55分。帰り道、お昼頃には長野県飯山市堀越、堂平、沓津に足を運び、夕方には群馬県嬬恋村小串にも足を運びました。南浦和到着は夜9時頃（百ノ木ー南浦和は320km）、3日間の走行距離は725kmとなりました。

　2泊3日の新潟・中越ツーリングで訪ねた「廃校廃村」は、ほぼ当初予定した数の14か所（新潟県10か所、長野県3か所、群馬県1か所）。印象深かった池谷、百ノ木の農家民宿、大池の美術館、藤沢の冬季分校も、「「学校跡を有する廃村」リストを作成する」という構想がなかったら、見出せなかったことでしょう。従来の視点とは違う旅を楽しむためのツールとして「廃校廃村リスト、農家民宿は役に立つ」と実感できた旅でした。

（2006年10月14日（土）～15日（日）訪問）

（追記1）　下日出山冬季分校の閉校時期は、津南町教育委員会の方に教えていただきました。その後、冬季分校跡の校舎は積雪のため崩壊しました。そして平成29年頃、下日出山は無住化しました。

（追記2）　藤沢には雪の季節（平成19年1月20日（土））、「もりあおがえる」の中島さん（ご主人）、軍艦島つながりのはがねさんと一緒に再訪しました。その後、冬季分校跡の校舎は、火災により焼失しました。

（追記3）　樽田には平成22年8月、越ヶ沢には平成25年5月、それぞれ再訪しました。越ヶ沢バス停は廃止され、なくなっていました。

下日出山には、冬季分校跡の校舎が残っていた

十日町市藤沢には、雪の季節に再訪した（平成19年1月）

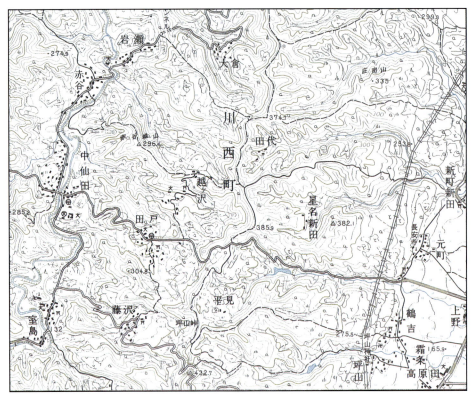

越ヶ沢
藤沢

5万分の1地形図
岡野町
1969年
国土地理院

越ヶ沢、藤沢はともに渋海川水系の東頸城丘陵の中にある(標高は越ヶ沢190m、藤沢240m)。

五万地形図 岡野町のエリアには17か所もの廃校廃村が密集している。

越ヶ沢は、集落跡を国道252号が貫通しており、交通の便はよい。しかし、バス停は、平成25年に再訪したときにはなくなっていた。

藤沢も平成19年に再訪したが、頑丈そうだった冬季分校跡の建物は平成26年に焼失したという。

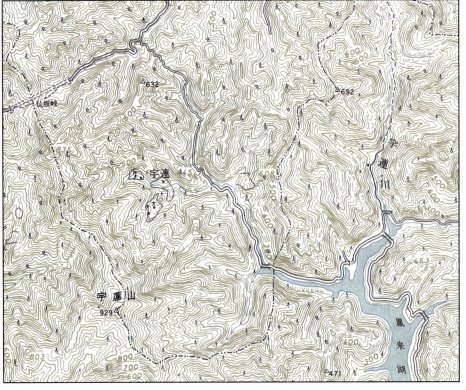

宇連

5万分の1地形図
田口
1968年
国土地理院

宇連は、神田(本校所在地)から6km離れた山中にある(標高は380m)。

しかし、宇連北側の峰越え道は車道ではなく、クルマだと鳳来湖経由で35kmもの距離の道となる。

三遠南信の「うれ」という地名には、「どんづまり」「末端」の意味がある。

宇連分校跡の木造校舎は、どうなっているのだろう。気にはなっても再訪しないのは、傷みが進んだり、取り壊されたりした姿を見たくないからなのかもしれない。

#8 三河・春枯れ森で昭和にタイムスリップ

愛知県豊田市（旧旭町）牛地、設楽町宇連

廃村 宇連の分校跡の建物です（閉校から40年目(H.19)）。

#8-1

　平成19年に入り、「学校跡を有する廃村」リストの作成も足かけ3年目となり、調査の重点は見出すことから確認することへ移りました。「廃校廃村」の数も1000か所で落ち着き、「全国各所に散らばる廃校廃村の中から行きたい場所を探す」という贅沢な構図にも、すっかり馴染んできました。
　リストの中から何を基準で「行く」場所を探すかですが、「行ってみなければ何があるかわからない」が、大きな要因として挙げられます。皮肉なことに「ネット上にレポートがない」ことが動機づけになります。幸い廃村探索はマイナーなテーマなので、そんな場所が全国あちこちにあります。
　そして、まだ花粉症の嵐がおさまらない春一番の頃に訪ねたのは、愛知県・奥三河の廃校廃村、旧旭町牛地、設楽町宇連の2か所となりました。

#8-2

　この頃の愛知県は、製造業の活況を受けて「いちばん景気がよい県」というイメージが浸透していました。確かに名古屋の街には、大阪と比べると明らかに活気があります。しかし、三河の北東部、矢作川の中流域、豊川の上中流域、天竜川の中流域は意外に山が深く、静かな過疎の村が点在します。
　牛地 (Ushidi) は矢作川中流、岐阜県恵那市（旧串原村）との県境に位置する高度過疎集落です。学校、郵便局があった旧牛地集落は、矢作第一ダム（堤高100m、貯水量8000万立方m、昭和45年竣工）の建設によって水没しました。現牛地集落（黒谷）は、ダム湖近くの高台の代替地で、学校は昭和44年に現地に移転しました。生駒小学校は平成9年に閉校となり（最終年度の児童数は5名）、現戸数（H.18）は龍渕寺というお寺さんを含めて3戸です。

#8-3

　宇連 (Ure) は、豊川水系 宇連川の源流部に位置する廃村です。最寄りの集落（旧鳳来町川合）からは11kmも山に入った場所にあり、地図で見ると設楽町の飛地のようです。道の途中には宇連ダム（堤高69m、貯水量2911万立方m、昭和33年竣工）がありますが、宇連集落はダム湖の先端から3km先です。宇連の分校（神田小学校宇連分校）の閉校は昭和42年。これらのことから、宇連の離村とダムの建設は、直接の関係はないのではと推測されます。
　愛知県は、昨夏岐阜県揖斐川町 旧徳山村を一緒に探索した水上さん夫妻、ばばしんさん、zinzinさん、きたたびさんの地元ですが、みなさん、牛地、宇連とも知らない様子です。mixiなどネット上で調整した結果、水上みなみさんと私とkeiko（妻）の3名で出かけることになりました。

#8-4

　愛知県の廃校廃村探索の実行は、3月25日（日）。天気予報は曇り時々雨、夕方より晴。「今いちな天気だなあ…」と思いながら大阪・堺の実家を出発し、名古屋で新幹線から名鉄に乗り継いで、知立で乗り換えて三河線若

牛地・生駒小学校は平成8年まで存続した

校舎の中には、「カタカナ五十音」の貼り紙が見られました。

林駅に到着したのは朝9時頃。水上さんのクルマが今回の探索の足です。

典型的クルマ社会の豊田市街を走り過ぎて、川霧が立つ矢作川の流れをさかのぼる県道は、ライダーでもある水上さんにはなじみの道とのこと。しかし、奥矢作湖の中に徳山村と同じように水没した村があるとは思わなかったそうです。旧旭町の火葬場跡や矢作第一ダムの堤体で一服しながら、生駒小学校跡に着いたのは11時少し前。道の右手に見えた校舎はRC造2階建で、2階の窓には「きょうもげんきだ生駒っ子」という文字が貼られていました。

#8-5

小雨の中クルマを降りて探索すると、校庭の隅にはニワトリが棲む鳥小屋があり、学校跡は何かに転用されている様子です。校舎の入口には「牛地屋内運動場」という貼り紙があり、クルマも2台ほど停まっています。しかし、10分ほどの校内探索の間、関係の方に出会うことはありませんでした。

旭町立生駒小学校は、へき地等級1級、児童数126名（S.34）。「旭町誌」には、明治6年に牛地 龍渕寺で開校とあります。移転（S.44）の前後の児童数は68名（S.42）と36名（S.44）。閉校前の最終年度（H.8）の児童数は5名。代替地に引っ越された方の数が行政の予測よりも少なかったため、大きな校舎となったようです。龍渕寺ともう一軒、家を訪ねてお話ができたにもかかわらず、学校跡がどのように使われているか、わからず終いでした。

#8-6

小学校跡を後にして湖沿いに2kmほど上手にクルマを走らせると、急に視界が広くなりました。地図で確認するとこのあたりが旧牛地集落で、山側には花が飾られたお地蔵さんが立っていました。また、湖は水際まで簡単に降りることができ、ダム湖には珍しい親しみやすい雰囲気がありました。

この辺りから雨は本降りになり、ドライブも辛いぐらいになりました。「このまま山深い宇連に行くか、豊田市街に戻るか」。ダム湖を見下ろす旧串原村相走（あいばしり）の商店跡の軒先のベンチで、しばし作戦会議です。ちょうど昼時でお腹がすいたところになぜか現れたのが軽トラの焼き芋屋さん。「渡りに舟！」と2本買って、焼き芋をほおばりながら3人話すと、「天気はきっとよくなるでしょう」と意見が一致して、予定通り宇連に向かいました。

校舎の入口には「牛地屋内運動場」という貼り紙があった

矢作第一ダム湖は、水際まで簡単に降りることができた

愛知県豊田市牛地、設楽町宇連

宇連・神社手前には古い家屋と新しい物置が建っていた

宇連の鎮守様（諏訪神社）は滝と並んで建っていた

#8-7

　設楽町に入り、コーヒー店で一休みしていると、携帯にきたたびさんから電話があり、「私も宇連に行きます」とのこと。mixiの「廃村コミュ」に、「午前中牛地、午後宇連」と予定を記した甲斐がありました。幸い、設楽町の中心田口に着いた頃には、雨も上がっていました。

　ダム湖を越えて、道が二股に分かれるところできたたびさんと合流したのは午後2時40分頃。ここでクルマを停めて、残り1km強は歩いて探索することになりました。道は舗装しているものの、とても急で、横を流れる川も賑やかに水音を立てています。そのうち、川を挟んだ林の間に木造の廃屋が見えました。「どうやって渡るんだろう？」と、川の様子を伺ってみましたが、結局渡り口は見当たりませんでした。

#8-8

　しばらく歩くと、道の脇に林道の竣功記念碑と小さな祠がありました。林道の開通は分校の閉校と同じく昭和42年。クルマが入れるようになり、山深い小さな集落の暮らしは、この頃大きく変化したに違いありません。

　古い地形図では、道の行き止まりに鳥居マークが記されています。これを目指して道を進むと、新しい物置と古い家屋がありました。宇連に住まれていた方が作業小屋として使われている様子で、物置前のサクラはわずかにつぼみを開いていました。スギが生えた苔むした石垣がある段々畑の跡を見ながらさらに進むと、川の流れの向こうによく手入れされた神社（諏訪神社）が姿を見せました。橋の左手には小さな滝があり、とてもよい雰囲気です。

#8-9

　古い地形図を見ると、文マークは脇道に入った山の中にあります。しかし、その脇道の入口はダートで、急な傾斜の道を進んでも何もなさそうな雰囲気です。「とりあえず、何か痕跡がみつかればよしとしましょう」と、4人でゆっくり先を進むと、宇連山荘というプレハブの建物があり、クルマが停まれるスペースがありました。あたりはスギ林ですが、雑草の茂みは薄く、春の芽生えというよりも「春枯れ」という言葉が似合います。

　雨あがりの山の空気を味わいながら、「文マークはこの

人工林の中を探索すると、分校跡の校舎が見つかった

宇連分校は、昭和42年まで存続した

#8　三河・春枯れ森で昭和にタイムスリップ

「ほんをよむしせい」という貼り紙も見られた

廊下に残る木札に、地域に密着した分校だったことが想像された

あたりかな」と、道なき春枯れのスギ林を探索すると、行く手に木造の廃屋が2棟見当たりました。「もしかすると…」と、ニマリとしたことは言うまでもありません。「行ってみて何があるかわかった」、至福のひとときです。

#8-10

縦に板が貼られた木造の廃屋に入ってみると、「カタカナ五十音」「ほんをよむしせい」「ありがとうといわれるように言うように」という貼り紙があり、それは間違いなく分校跡でした。その存在感に、4人とも昭和の頃にタイムスリップをしたような気分になったようです。

神田小学校宇連分校は、へき地等級4級、児童数11名（S.34）。「設楽町誌」によると地域の要請により分校が開校したのは昭和22年。閉校前の最終年度（S.41）の児童数は3名。この深い山の中、40年前にはここに子供たちの元気な声が響いていたと思うと、時代の流れを感じるとともに、「この先、時代はどのように流れていくんだろう」と頭に浮かびました。40年後、元気だったら私は85歳。どんな時代になっているのでしょうか。

#8-11

奥の棟は教師の宿直室だった様子で、教科書が落ちていて奥にはかまどがありました。山の中の先生のひとり暮らしはどんな様子だったのでしょうか。

また、手前の棟の廊下を見上げていると、「建築用材十石、杉皮十間、金壱千円也」などの提供物資・金額に提供者の氏名が書かれた木札が見つかりました。神社や寺ではよく見かけるものですが、学校で見たのは初めてです。集落と密着した分校だったことが偲ばれました。

私は気付かなかったのですが、水上さん、keikoは「こいのぼり」と書かれた木札を見て、こいのぼりが飾られた分校の姿を想像されたそうです。

満足感につつまれながら、クルマを停めた場所まで道を下り、夜は新城に用事があるというきたたびさんとはここでお別れとなりました。

#8-12

夕陽を浴びながら帰り道をたどり、豊田市街に戻ってきたのは夜7時過ぎ。水上さんの馴染みのお店で乾杯をして飲み食いしていると、廃村探索の余韻がにじみ始め、尽きぬ話題に夜遅くの新幹線で埼玉に帰るという当初の予定はかき消えました。

その後、携帯電話でお誘いして、再会の乾杯をすることとなったきたたびさんのクルマで送られて名古屋駅に着いたのは、夜の12時。この夜はkeikoと太閤口方向のビジネスホテルに泊まり、翌朝は朝一番の新幹線で名古屋から東京・神楽坂のオフィスに出社しました。

牛地と宇連、特に宇連は昭和にタイムスリップするにはよい場所ですが、「ネット上のレポート」は、見ないで行くほうが楽しめるかもしれません。

（2007年3月25日（日）訪問）

帰り道、「1.7m」の道幅標識の背にはツバキの花が咲いていた

#9 中信・サクラの頃の廃校廃村めぐり

長野県松本市（旧四賀村）東北山，筑北村（旧本城村）伊切

高度過疎集落 伊切の標柱と碑が建つ分校跡です。

#9-1

　平成19年3月現在，長野県で見出した「廃校廃村」の数は22か所（集落跡18か所，高度過疎集落4か所）で，私が足を運んだ「廃校廃村」の数は9か所。あちこち行ったつもりでも，まだ未訪は13か所もあります。
　「サクラが咲く沓津分校跡（飯山市）を見てみたい」という思いから4月下旬に企画した信州の廃校廃村めぐりでは，1泊すればあわせて行ける松本市東北山（Higashi-kitayama），筑北村伊切（Igire）を選びました。メンバーは，平成12年夏，長崎県端島（軍艦島）の探索時に知り合った長野県在住のJNR-TAMAさんと，同じく軍艦島つながりのはがねさんの3名です。あわせて，木造校舎が残る生坂村入山，飯山市堀越（立石分校跡）も再訪することになりました。

#9-2

　中信・廃校廃村めぐり，集合は4月21日（土），新幹線上田駅朝8時40分。天気は晴。TAMAさんのクルマで，まず東北山を目指してR.142を走りました。青木村に入ると田舎の風情になり，道の駅に入って昼食の買い出しです。青木峠は予想外の険しさにびっくり。旧四賀村の中心 会田では，移転して使われなくなった中学校の木造校舎がそのまま残されていました。サクラが綺麗に咲いていることもあり，とてもよい雰囲気です。
　東北山への道のりは会田から約3kmですが，多くの枝道があり，すんなりとは走れません。農作業の方（年配の女性）に道を尋ねながら東北山に到着したのは10時

30分。現在，東北山に残る家は1戸のみ。手元の地形図に記された文マークは，この家のすぐそばなのですが，それらしき雰囲気は見出せません。

#9-3

　1戸残る家のご主人がまき割りをされていたので，ご挨拶をして分校跡について尋ねたところ，「会田寄りの車道から少し入った山道沿いにある」とのこと。お礼を言ってクルマを戻したところ，車道と山道の分岐に「東北山分教場跡入口」という標柱が立っていました。親切な標柱ですが，ご主人に尋ねなかったら見つけることはできなかったことでしょう。
　五常小学校北山分校は，へき地等級1級，児童数10名（S.34），昭和45年閉校，最終年度（S.44）の児童数は4名。小さな敷地には，昭和55年と記された古い標柱が立っており，奥のほうには校舎の土台が残されていました。

#9-4

　TAMAさんから「1戸でも残っていたら廃村ではないのでは…」という質問があり，それに対して私は「いや，それをいうと無人になるのを待つことになるので…」，「廃れた村という風に解釈してもらえると…」と，切れのよい返事をすることはできませんでした。
　しかし，「現地に行って地元の方と話をするとき，『廃村を訪ねてきたのですが，どこにあるでしょうか』とは言えない」，「『学校跡を訪ねてきたのですが，どこにあるでしょうか』と声をかけると話しやすい」という私の声には，「なるほど！」という合意を得ることができました。
　このように「廃村」という言葉には否応なしに生じる

東北山・入口標柱がある分校跡へ続く枝道をたどる

広々とした分校跡には「伊切支校跡」という標柱も立っていました。

曖昧さがあるのですが，曖昧さから生じるイメージの広がりを大切にしようと思うところです。

♯9-5

東北山から伊切に向かう途中には，JR篠ノ井線の旧線跡があり，架線をささえる柱が列になって残っていました。立ち止まって歩いた線路跡は，草も茂っておらず快適です。鉄道の廃線はとてもわかりやすい存在であり，三人三様で楽しめた感じがします。

狭い村道を走り，伊切に着いたのは11時50分。三差路にある古い土蔵のそばにクルマを停め，あたりを見渡しましたが人気はありませんでした。往時の伊切は山の中に数戸の小集落が点在する集落で，分校は梨ノ木堂という小集落にありました。現在の住宅地図には車道近くに3戸，山の中に2戸の家が記されています。梨ノ木堂へ向かう道路は，三差路のところからダートになっていました。

♯9-6

ダートを300mほど進むと，道は二又になっています。地形図にある文マークを目指すには，二又の間にある急な山道を1km弱歩くのがよさそうです。

クルマを停めて「こんな道行くの」というはがねさんの声を受けながら，じわじわと歩いて10分ほど。山道はダートの車道と合流して山の上に出て，そこには「伊切支校跡」という標柱と，立派な石碑がありました。碑には「平成14年 伊切ふるさと友の会建立」と記されていました。

「行ってみて何があるかわかった」ので，私は満足感を得ましたが，東北山，伊切ともに建物は残っていなかったため，TAMAさん，はがねさんには物足りなかったかもしれません。普段の都会の生活では縁がない山道歩き，楽しんでもらえたでしょうか。

東北山・分校跡には，昭和55年建立の標柱が立っていた

伊切・分校跡の碑は平成14年に建てられたものだった

長野県松本市東北山，筑北村伊切

伊切・分校跡の平地には、サクラの花が咲いていた

#9-7

　本城小学校伊切分校は、へき地等級１級，児童数14名（S.34），昭和38年より休校の後，昭和40年閉校。最終年度（S.37）の児童数は９名です。見晴らしのよい敷地には、少しだけ花を着けたサクラと、水道の跡が残されていました。

　記念碑の後方には，青い屋根のプレハブの建物があり，「工事関係の作業小屋かな」と思い近づくと，地域の方（ご夫婦）が居たのでご挨拶。話をすると，ご夫婦は伊切出身で松本市在住。この場所では碑ができた頃に建物を建てて，通いで農作業をされているとのこと。分校について尋ねてみると，しっかりした校舎だったが，昭和42年に火事のため焼けてしまったとのこと。サクラは分校があった頃からのものとのことでした。

#9-8

　クルマに戻って昼食をとり，対象は再訪の廃村となりました。今回は３人組ということで，「紹介する」ことが楽しみの要素となります。

　入山を再訪していちばん印象に残ったのは，山道の途中，沢を丸木橋で渡るところでTAMAさんが見つけた石炭の原石です。入山に小規模な炭鉱（野口炭鉱）があったことは，地形図や「生坂村誌」で確認していましたが，原石を見つけることで，それを実感することができました。

　峠の上の入山分校跡の廃校舎（明治44年建設）は，一部の漆喰の壁を崩しながらも，昨春と同じ雰囲気を保っていました。昭和40年（最終年度）の入山分校の児童数は７名でした。

#9-9

　この日の宿は，JR飯山駅前の「すざかや旅館」。昔ながらの宿には，チェーン系のホテル・旅館はない，落ち着いた雰囲気があります。

　夜の食事は，宿のおかみさんお勧めの焼肉店「さとみ」。お店の大将によると，飯山・斑尾高原は関西からの旅人が多く，大将も大阪から飯山へ移り住んで数十年とのこと。関西人の私が飯山になじみやすいのは，そんな伏線があるからかもしれません。

　工事が進行中の北陸新幹線 飯山駅の完成予定は平成25年頃。「便利になってよいですね」と大将に声をかけると，「いや，落ち着いているぐらいのほうがいいですよ」との返事でした。この夜の焼肉とビールはすこぶる旨かったです。

#9-10

　翌22日（日）の起床は朝６時半頃。午前中は曇り時々薄晴れ，午後は雨。「探索は午前中に済ませましょう」と，飯山駅前を出発したのは朝９時10分。

入山分校跡には明治44年建立の木造校舎が残る

入山分校跡、２階の教室は趣を留めていた

#9　中信・サクラの頃の廃校廃村めぐり

立石分校跡、二階の教室に机と椅子を運んだ

立石分校跡、二階の教室、窓辺の床は朽ち始めていた

　立石分校跡の廃校舎（昭和32年建設）に向かう逆S字状の道を歩くのはこれで4度目。草が刈られていて，これまででいちばんたやすくたどり着きました。

　二階のがらんとした教室跡にはがねさんが座り込んでいるのを見て，ふと，「下の階（体育館跡）から机と椅子を運んでこよう」と思いつきました。往時の机と椅子を加えることにより，より学校跡の雰囲気が醸し出せたように思います。木造校舎好きのTAMAさんが写真を撮る様子も熱が入っていました。閉校直前の昭和51年から54年（最終年度）までの立石分校の児童数はわずか2名，教卓を探し出せば完璧かもしれません。

#9-11

　続いて再訪した沓津は，はがねさんは雪の時に続いて2度目，私は実に6度目。待望の分校跡のサクラのつぼみはまだ固く，それもわずかな数です。

　沓津分校の廃校舎（昭和30年建設）が，廃村になった今も地域の方の集会所として使われているのは，嬉しく思うことしきりです。昭和46年（最終年度）の沓津分校の児童数は6名でした。はがねさんは神社や祠が好きらしく，前回行けなかった神社まで足を運べて満足の様子でした。

　「かじか亭」（富倉小学校跡）でそばを食べて，雨の午後は少し離れた新潟県上越市（旧板倉町）の「地すべり資料館」を目指してドライブしました。途中，車窓に人気のないトタンをかけた萱葺き屋根の家が見えるたび，「ここにも廃村があるのでは」と話に上がっていました。

（2007年4月21日（土）〜22日（日）訪問）

（追記1）　その後，旧臼田町広川原，小谷村真木，栄村五宝木を加えて，長野県で見出した「廃村廃村」の数は25か所（廃村20か所，高度過疎集落5か所）になりました。

（追記2）　飯山市沓津分校跡には，約2週間後（5月4日（金）），単独でサクラを目指して再訪しました。華やかさはありませんでしたが，サクラはしっかり咲いていました。この時は日帰りで飯山駅から沓津まで，付近の山道を含めて約20km歩きました。

積雪峠は行けなかった沓津神社にも足を運んだ

2週間後、沓津分校跡にはサクラの花が咲いていた

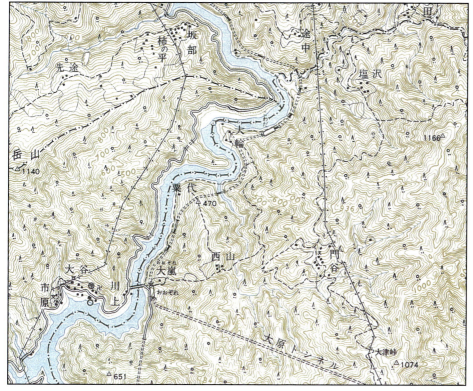

門谷

5万分の1地形図
満島
1968年
国土地理院

　門谷は、水窪町中心部から山道を歩いて8km離れた標高690mの山中にある。
　昭和43年の地形図を見ると、門谷へ通じる道はすべて峰越しの歩道であり、飯田線大嵐駅、小和田駅からだとともに5kmほどの道のりのように見える。
　「こんな山中になぜ集落があったのか」というのは、クルマ交通の時代から見ればのことといえる。徒歩交通の時代には、山中でも生活が成り立てば問題はなかったのであろう。

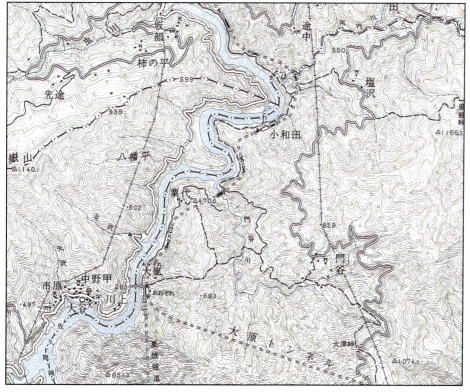

門谷

5万分の1地形図
満島
1995年
国土地理院

　平成7年の地形図を見ると、水窪町中心部から門谷へ通じる車道(天竜川林道、昭和53年竣工)が通じている。車道は曲がりくねっており、13kmの距離がある。
　大嵐駅までは西山林道(地形図未掲載)で9km、小和田駅までは塩沢経由で9km(林道6km、歩道3km)なので、秘境駅を使って門谷を訪ねてみてもよいかもしれない。
　なお、飯田線の大原トンネル(全長5km)は、佐久間ダム竣工に伴う路線変更のため、昭和30年に造られた。

＃10　遠州・廃村に出かけて学校跡に泊まろう（1）

静岡県浜松市天竜区（旧春野町）小俣京丸、（旧水窪町）河内浦、門谷

廃村 門谷に残る分校跡の校舎の廊下です。

＃10-1

　GW明けは、山では新緑が美しく、藪もまだそれほどではなく、暑くも寒くもない、廃村探索のベストシーズンです。目標は三遠南信（愛知県三河東部、静岡県遠州西部、長野県南伊那の総称）で、3泊4日のツーリング、keiko（妻）と一緒に行くというところまでは、新年の頃には決まっていました。

　「どこに泊まるか」は旅の重要なポイントです。目標のルートには、ずいぶん前から泊まりたいと思っていた長野県旧高遠町荊口の旧荊口分校跡の建物を改装した宿「御宿分校館」があり、また、飯田市郊外の豊丘村の廃村野田平（Notanohira）には、旧野田平分校跡に作られ、校舎や体育館に泊まることもできる「野田平キャンプ場」があります。宿泊施設への転用は、学校跡の建物の有効的な利用手段のひとつです。

＃10-2

　「この際、もう1泊どこかの学校跡に泊まりたい」と思うのは自然の流れです。いろいろ考えた結果、平成13年夏に行って泊まれることを確認していた静岡県旧春野町石切の旧石切小学校跡「石切バンガロー和田」を使おうとなりました。回る順序は「最後は食事付きの宿がよい」ということで、石切ー野田平ー荊口となりました。浦和からだと、行きは東名の流れ、帰りは中央道の流れを使って南アルプスを時計回りに一周するルートになります。

　石切から約14km先には分校があった廃村 小俣京丸（Omata-kyoumaru）があります。石切ー野田平間には、その頃から行きたかった旧水窪町の廃村群（河内浦（Kouchiure）・峠・有本・大嵐・門谷（Kadotani））があります。静岡県（遠州）では6か所の廃村を回ることができます。

＃10-3

　長野県に入って、野田平はそのものが廃村です。野田平ー荊口間の中川村には、平成16年頃にネット仲間の廃猫さんから資料をいただいて以来気になっていた廃村四徳（Shitoku）があります。さらに、荊口から約4km先には、平成6年夏のツーリングで偶然訪ねた廃村 芝平（Shibira）があります。芝平には、私が初めて撮影した廃村の校舎が残っており、再訪の楽しみもひとしおです。長野県（南信）でも3か所の廃校廃村を回ることができます。

　かくして「廃村に出かけて学校跡に泊まろう」の企画がまとまったのは、GWの少し前。天気を気にしながら5日前頃に予約を取ったのですが、個人経営のバンガロー（石切）、自治体が運営するキャンプ場（野田平）、個人経営の宿（荊口）と、電話の感じにそれぞれ特徴が出ていました。

＃10-4

　平成19年5月、「廃村に出かけて学校跡に泊まろう」ツーリング、初日（11日（金））の南浦和出発は朝8時35分。天気は快晴ですが、東に大きな低気圧があるためすごい風です。沼津まで高速に乗る予定で、首都高西新井宿ランプを入ったのですが、荒川を渡る橋で横風にあおられ「高速は無理」と判断。王子北ランプで首都高から出てからは、環7、R.246をつないでゆっくり走ることになりました。風はお昼過ぎに厚木を通るあたりまで強いままでした。

　それでも山北町あたりからは、すっきりと富士山が見えて、よい感じになってきました。裾野ICから東名に入ったのは午後3時35分。「無事石切まで到達できるのか」、少々心配な時間となりましたが、富士川SAでしっかり休憩をして、「遅くなっても行きましょう」との方針を確認しました。

＃10-5

　東名を焼津ICで出て、旧川根町家山の商店で買い出しをして、大井川沿いをさかのぼり、久保尾峠を越えるルー

門谷分校跡・校舎の入口上方には灰皿のような貼り物がありました。

トで石切を目指し、バンガローに到着したのは夜8時20分。宿の方（ご主人とおかみさん）が迎えてくれて、無事たどり着いた喜びを感じました。この日の走行距離は約300km。バンガローでコンロ、なべ、ふとんをお借りして、皿とコップは持ち込みです。ハードなツーリングの後、学校跡の宿で二人で食べるカレーうどんはすこぶる美味でした。

校舎は、事務室兼楽器の部品製作場（往時の職員室）、炊事ができる小部屋、トイレ、宿泊室（往時の教室2つ分）からなり、二人で過ごすには持て余すほどの広さでしたが、夜空の星は見応えがありました。天井には、往時からのものと思われる東西南北を示す手書きの画用紙が貼られていました。

10-6

翌12日（土）の起床は朝5時20分。最初の目標 小俣京丸には、長いダートがあることもあり、日の出前に単独で出かけました。往時は4kmの山道で結ばれていた石切-小俣間は、今は車道で14kmです。昨夜も通った杉峰の尾根道を走り、岩岳山の登山道に続く林道（ダート）へ入ってすぐ、小俣の手前5kmほどの場所のゲートは閉ざされていました。クルマだと先は歩いて行かねばなり

ませんが、幸いバイクは横から入っていくことができました。

石切小学校小俣分校はへき地等級4級、児童数13名（S.34）、閉校は昭和41年。小俣は現在無住の地で、残った大きな家も6年前に比べると朽ちた感じがします。分校跡の校舎は、スギ林の中にしっかり残っていましたが、訪ねたときはまだ陽が射す前で、教室ではコウモリに遭遇しました。

10-7

1時間弱探索した早朝の小俣は、誰にも出会いませんでしたが、もしも出会ったとすると緊張するに違いない、全く人気のない場所でした。

石切バンガローに戻ったのは7時40分。校庭には週に2日（水・土）、2便だけ走るコミュニティバスが停まっていて、おばあさんが一人乗っていました。keikoと朝食を食べて、再び校庭に出ると、バンガローのおかみさんと山登りの方が話をしていました。山登りも今がベストシーズンのようです。

石切小学校はへき地等級3級、児童数62名（S.34）、閉校は昭和45年。今の戸数は8戸ほど。道沿いでは、茶畑の手入れをされる地域の方の姿が見かけました。「人は

小俣・分校跡の校舎は、スギ林の中にしっかり残っていた

教室ではコウモリと遭遇した

♯10　遠州・廃村に出かけて学校跡に泊まろう（1）

石切小学校跡で、のんびりと朝のひとときを過ごす

門桁小学校校舎は、木造にRC造が連結された二階建て

少なくなったけれども、私は町で過ごすよりも生まれ育ったここで過ごすのが一番」というおかみさんの言葉が印象的でした。

♯10-8

のんびりと朝のひとときを過ごして石切を出発したのは9時50分。はみ出し区間になる旧水窪町峠・有本・大嵐に行くのは朝食の時点で断念しました。この日、ツーリングの道中で目指すのは、旧水窪町門桁・河内浦・門谷の3か所です。

石切川沿いの県道を下って、川との合流点からは気田川沿いの県道を上って、明神峡という渓谷を越えて、門桁に着いたのは10時35分。

水窪小学校門桁分校（のち門桁小学校）は、へき地等級4級、児童数77名（S.34）、平成13年（2001年）より休校。門桁の戸数は今も35戸ほどあり、校舎も木造にRC造が連結された二階建てです。バイクを降りて学校の校庭を探索した後は、静かな集落内の坂を下って気田川の河原まで散歩しました。

♯10-9

「すごく綺麗な景色」とkeikoの評判もよかった門桁を出発して、天竜林道との交点と山住神社がある山住峠を越えて、河内浦に到着したのは11時50分。斜面の中にわずかに家屋が建つ小集落ですが、新しい公衆トイレや休業中ながら食事処があってびっくりです。

河内浦の戸数は4戸ですが、茶畑は手入れされており、家々は整っています。県道と斜面の上の家々との間には、荷物を運ぶための索道が設けられています。今の地図と古い地形図を比べると道筋が大きく変わっており、分校跡の場所の見当はつきません。農作業をしていた地域の方（年配の男性）が居たので、ご挨拶をして分校跡の場所を尋ねると、「県道を少し上って、カーブの手前右手に

あり、遊具が残っている」との返事を得ました。

♯10-10

お礼を言って県道を歩いて上ったのですが、その場所はただの斜面で、入っていく道は左手の鳥居がある場所にしかありません。

「見つけるのは厳しいかも」と思いながらも、根気よく目を配らせた結果、私は県道左手の林の中に錆びついた火の見やぐらを見つけました。ほぼ同時にkeikoが県道右手のスギ林の中にすべり台を見つけました。

すべり台は斜面を下った先にほんの小さく見えているだけで、裸眼で1.5の視力があるkeikoの目でなければ見つけられなかったかもしれません。斜面には道はありませんでしたが、keikoに見守られながら下って行くと、何とかすべり台がある分校跡の敷地までたどり着くことができました。

♯10-11

歩く道もないスギ林の中ですが、すべり台の横にはブランコも残っており、確かにここは分校跡に違いありま

河内浦・スギ林の中に分校跡のすべり台が見つかった

静岡県浜松市天竜区小俣京丸、河内浦、門谷

門谷・なじみのある分校跡の建物が姿を現した。

教室には整然と木の机が並んでいた

せん。校舎の痕跡はなく、他には石垣とストーブの残骸などが見当たるぐらいでした。帰り道、県道にはできるだけ斜面を斜めに上がって戻りました。

水窪小学校河内浦分校は、へき地等級1級、児童数26名（S.34）、昭和44年休校の後、昭和45年閉校。校舎も記念碑もない分校跡ですが、「分校があったことを後世に示し続ける」と思うと、すべり台がとても愛しく感じられました。地域の方もそんな想いから遊具を残したのでしょうか。

1時間ほど河内浦を探索した後は、県道を5km下って水窪市街に出て、「道の駅　国盗り」の食堂（直売施設併設）で休憩がてらの昼食となりました。

＃10-12

続いて目指した門谷は、水窪市街から約15kmの山の中。道も県道ではなく林道（林道天竜川線、全線舗装）です。曲がりくねった林道をゆっくり走り、門谷にたどり着いたのは午後2時半頃。山の中にしては見晴らしがよく、農作業の方の姿もみられます。

小俣、河内浦とは異なり、門谷分校の記事はネット上に複数載っており、徳山村フィールドワークでご一緒したことのあるzinzinさんもレポートをまとめられています。「お堂の脇の階段を上って行く」というキーワードから「このあたりかな」とバイクを停めて、たどった狭い山道は途中崩落箇所があり焦りましたが、慎重にその箇所を越えて階段を登ると、数分で道の左手になじみのある分校跡の建物が姿を現しました。

＃10-13

水窪小学校門谷分校は、へき地等級2級、児童数12名（S.34）、昭和44年休校の後、昭和45年閉校。門谷の戸数は1戸ですが、作業小屋などとして使われている家屋も多く残ります。広葉樹の林の中に隠れたような分校跡の校舎は、それほど傷んではおらず、往時の雰囲気を今に伝えていました。

整然と木の机が並んでいる教室の様子には、違和感を覚えるほどでした。30分ほど探索した昼下がりの門谷でも、地域の方とは出会いませんでした。

後に「水窪町史」を調べて水窪の分校について確認したら、門谷分校の項ではほとんど同じ雰囲気の校舎入口の写真が載っていました。keikoが「こんなところに灰皿が貼り付けてある」とチェックした入口上方には、もともとは飾りが施されていた様子でした。

＃10-14

ここまで（石切ー門谷）の走行距離は約55km。残り（門谷ー野田平）は約85km。夜はキャンプなので、途中、温泉を見つけて入っておかねばなりません。

石切バンガローのおかみさんから「長野県に入ってすぐの天龍村には、新しくてよい温泉がある」と話を聞いたことを宛にして、JR飯田線平岡駅手前のガソリンスタンドで温泉について尋ねてみると、「ふれあいステーション龍泉閣」という温泉・宿泊施設が平岡駅舎に併設されているとのこと。

温泉に入って一服したら、あとは頑張って野田平キャンプ場まで走るのみです。天竜川左岸の県道を走って泰阜村、飯田市（千代・下久堅）、喬木村を抜けて豊丘村に入り、村役場近く（神稲）のコンビニで買い出しをして、キャンプ場に到着したのは、夜の帳も下りた午後7時頃でした。

（2007年5月12日（土）訪問）

（追記）「奥三河・北遠の廃集落・小集落」（服部聡央編著、2017）の記述から、平成23年行政区 河内浦は向市場（むかいちば）に編入され、無住になったことがわかりました。

＃11　南信・廃村に出かけて学校跡に泊まろう（2）

長野県豊丘村野田平（のたのひら）、中川村四徳（しとく）、伊那市（旧高遠町）芝平（しびら）

廃村 野田平に残る分校跡の校舎の廊下です。

＃11-1

「廃村に出かけて学校跡に泊まろう」、3泊4日のツーリング。2日目（5月12日（土））泊の学校跡は長野県豊丘村の廃村 野田平（Notanohira）にある「野田平キャンプ場」です。廃村の学校跡が宿泊施設になっている例は、長崎県小値賀町（おぢか）の野崎島など、全国的にもわずかです。

キャンプ場には管理者の方がひとりいるだけで、他にお客さんはいません。宿泊手続きを取ると、校舎にはコンロはなく、別棟の新しいバンガローにはコンロがあるとのこと。校舎に泊まれないと値打ちがないので、食事はバンガローで、宿泊は校舎という、変則的な形を取ることになりました。

ふとんはレンタルで、食事はミートスパゲティ。人里離れた標高840mの廃村で過ごす二人きりの夜は、とても非日常的でした。

＃11-2

豊丘南小学校野田平分校はへき地等級3級、児童数33名（S.34）、昭和51年休校の後、昭和56年閉校。神稲（くましろ）（豊丘村の中心）－野田平はおよそ8km。門柱の脇にある「望郷の碑」（平成2年建立）には、「最盛期七十戸の部落も満州移民三六災害等により27戸に減少した　益々進む過疎化に対処し住民の総意により移転を決意し村の指導を仰ぎ集落整備事業により昭和55年新天地への移住を完了した」と記されていました。

野田平の校区は、5つの小集落（野田平、北山、本谷（ほんたに）、萩野、坂島）からなり、北山、本谷、萩野は、教室の名前として使われています。私たちはいちばん入口寄りの萩野という教室に泊まりました。「豊丘村誌」によると、野田平の「のた」とは、シカの住む所を表すとのことです。

＃11-3

3日目（5月13日（日曜日））の起床は朝4時半頃。曇り空でしたが、山中で迎える未明から早朝のひとときは値打ちがあります。分校の近くを歩いて探索すると、校舎の裏手に木地師の墓を見つけました。もう一度布団に戻ってだらだらし、keikoと朝食のひとときとなったのは8時頃。

そのうちに校庭にクルマが3台到着したので、ご挨拶をして尋ねたところ、野田平出身の方（男性ひとり）の案内による山菜取りとのこと。

野田平分校跡・門柱は石積みでできている

「望郷の碑」は、門柱の脇に建っている

野田平分校跡では、校舎に泊まることができました。

　萩野、坂島を除く3つの小集落の位置関係がわからなかったので、野田平出身の方に尋ねると、分校の裏手のダートを上り、左手に折れてすぐにあるのが野田平、まっすぐ進む少し離れたところが北山、分校手前の橋を渡らず、舗装道をまっすぐ山へ向かったところが本谷と教えていただきました。

11-4

　朝食の後、「どれか1か所、様子を見てみましょう」とkeikoと一緒に出かけたのが本谷です。バイクでしばらく走ると左手に鳥の巣箱のような廃屋が見え、神社や入口にロープが張られたいくつかの廃屋が見られました。印象深かったのは、黒くて大きなイノブタに出会ったことです。「野生かも」とも見えたのですが、よく見ると豚舎で飼われている様子でした。廃村だと匂いの問題が生じないので、ブタを飼うにはよいかもしれません。

　管理者の方にお礼をいって野田平キャンプ場を出発したのは午前10時半頃。周辺の舗装道には細かい砂利が乗っていて、滑りそうでおっかなかったのですが、これは崩れて砂になりやすい花崗岩を多く含む地質のためのようです。

11-5

　村役場近く（神稲(くましろ)）のコンビニに戻って、次に目指したのは中川村の廃村 四徳（Shitoku）です。四徳は、伊那谷三六災害（昭和36年6月の集中豪雨による広域災害）で壊滅的な被害を受けたため廃村になったということで知られています。

　神稲からは県道（一部R.153）を結んで小渋湖(こしぶ)まで走り、小渋湖－四徳の6kmではサルの群れに遭遇しました。下村橋を渡ると、谷は浅く、空は広くなり、路傍の石垣に集落跡に着いたことを実感しました。しばらく走ると右手に「長久山福泉寺跡 四徳人会建立」という看板があり、まずここで一服。寺跡からやや上手の道の左手には「四徳学校跡」と記された看板があり、その裏に広がる大きな更地には「いかにも学校跡」という存在感がありました。

11-6

　中川東小学校四徳分校はへき地等級1級、児童数71名（S.34）、閉校は昭和38年。現在四徳には、四徳温泉「い

野田平（本谷）・鳥の巣箱のように見えた廃屋

豚舎で飼われているらしい黒いイノブタ

#11 南信・廃村に出かけて学校跡に泊まろう（2）

四徳・橋の手前に「福泉寺跡」の案内板を見つける

橋を渡ってしばらく走ると「四徳学校跡」の案内板が建っていた

もい荘」という宿とオートキャンプ場がありますが、民家は1戸もありません。論文「長野県の山村・四徳の集団移住とそれに伴う社会構造の変化」（横山周司、「駿台史学」、明治大学）によると、「7名が犠牲となり、災害当時の84戸中61戸が流出・倒壊などの被害を受けた」とのこと。

また、論文には「度重なる会議の末、翌37年6月、国の『集団移住臨時措置法』の適応を受け、全戸集団移住を正式に決定した」と記されており、このことを「過疎の進行を予測する村のリーダーの存在や、これを支持する四徳人達の地域意識の強さが表れている」との旨、まとめられています。

#11-7

四徳（標高880m）は5つの地区（下村、小河内、中村、大張、平鈴）からなり、分校跡は中村にあります。広々とした分校跡の敷地の奥のほうには、盛り土の上に「心のふるさと 四徳学校跡」と刻まれた石碑（昭和46年建立）があり、碑の左手には往時からと思われるサクラの木がありました。

後に「中川村誌」で確認したところ、碑のあたりに校舎があって、サクラの木の根元の石で囲まれた窪みは積もった土砂を示している様子です。

少し上手の県道対岸の丘の上には四徳神社があり、祠とともに災害記念碑、平和祈念碑などが整然と建てられていました。

四徳に滞在したのは1時間弱、地域の方とはお会いできませんでしたが、その雰囲気から「四徳人の地域意識の強さ」を実感することができました。

#11-8

2kmに及ぶ四徳集落跡を抜けて、折草峠を越えて、昼食は当初伊那市街に出てローメン（伊那名物の焼きそば風のそば）を食べる予定でしたが、百々目木川沿いに休憩にちょうどよいお店があったので、あまごの炊き込みご飯を食べて一服。天竜大橋近くから見上げる木曽駒ヶ岳は雄大です。

路傍にハトに赤丸の友愛マーク（全国禁煙友愛会）の看板、大きく「庚申」と記された石碑などを見ながら、県道（一部R.152）を結んで走り、美和湖を経由して、この日泊

大きな更地の真ん中の盛り土の上に碑が建つ

碑には「心のふるさと 四徳学校跡」と刻まれていた

長野県豊丘村野田平、中川村四徳、伊那市芝平

荊口・分校跡を改装した「御宿 分校館」

「芝平之里」と「芝平分校跡」の碑が並んで建つ

　まる伊那市（旧高遠町）荊口（ばらぐち）の学校跡の宿「御宿 分校館」に到着したのは午後3時前でした。

　次に目指す廃村 芝平（Shibira）は荊口から4kmほどの距離なのですが、ここはまず、荷物を置いて一服です。

11-9

　三義小学校荊口分校はへき地等級1級、児童数67名（S.34）、閉校は昭和40年（碑には昭和46年とあるが、後に転用された幼稚園の閉校時期ではないかと思われる）。この日の「御宿分校館」の宿泊客は私たち二人だけ。13年前（平成6年夏）に県道を通ったときの看板は「シニアホステル」、少し前に確認したときの屋号は「シニアホステル分校館」。宿の方（東さん）にこのことを尋ねると、シニアホステルは説明が難しいので改称したとのこと。

　営業を始めて22年という分校の宿は、廊下と囲炉裏がある食事の部屋、喫茶室（ともに体育館を改造）に、その趣を色濃く残していました。

　荊口の標高は980mあり（高遠市街は750m、芝平は1110m）、雪はあまり降らないけれど、冬はマイナス20℃に冷えることもあるそうです。

芝平分校跡、手前が体育館、奥が校舎

11-10

　芝平は、地域の方が高遠町内に新しい芝平集落を作って集団移住し廃村になってから、主に首都圏方面から新しい住民が越してきて、新たな村づくりを始めているという話を耳にしたことがあり、どんな様子なのか楽しみにしていました。

　ひと息ついてから芝平へ向かうと、荊口集落から山に入った箇所に「この道路は私たちがきれいにしています 芝平管理委員会」の看板がありました。

　細い県道をしばらく進むと、道の左手に古びた家々が見え始め、「芝平之里」（離村記念碑）、「芝平分校跡」という石碑に続いて、木造二階建の芝平分校の姿が目に入りました。新しい芝平の住民の交流の場として使われているという分校跡は、13年前とあまり変わることなく建ち続けていました。

11-11

　三義小学校芝平分校はへき地等級1級、児童数85名（S.34）、閉校は昭和40年。離村記念碑（昭和63年建立）には「芝平地区は広大な山林と石灰岩に恵まれ村民は豊かな生活を営む事ができたが 終戦後国の施策は工業立国を進める様になり過疎化が進み 昭和53年最後に残った37戸が集団移住をよぎなくされ七百有余年続いた芝平の幕を閉じたのである」と記されています。

　離村記念碑が建った場所に新しい住民が住み、新たな歴史が作られるというのは珍しいことです。廃屋に交じって往時の家屋を補修して使っている家屋があり、真新しいログハウスはわずかです。昔ながらの暮らしが見直される機会が多い昨今、芝平の新しい住民は増える傾向にあるようです（当時）。

11-12

　芝平は6つの地区（下芝平、大下（おおしも）、卯沢（うざわ）、荒屋敷、宮下、

#11　南信・廃村に出かけて学校跡に泊まろう（2）

芝平（卯沢）・路傍に並ぶ庚申碑

朝日を浴びる芝平分校跡の校舎

辰尾）からなり、分校跡は大下にあります。分校跡からしばらく上手に走ると古びたバス待合所跡があり、「高遠町芝平区 卯沢 全国禁煙友愛会」という看板がありました。その近くには大きく「庚申」と記された石碑が3つ並んでいました。

keikoと一緒ということもあり、廃村探索は軽めに切り上げ、宿に戻ったのは午後5時頃。この日の走行距離は芝平までの往復を入れて88kmでした。

夕方、なつかしい感じがする荊口集落を上手に向かってkeikoと散歩をすると、赤坂に古びたバス待合所跡があり、「舞う煙 自分も短命人になる」という全国禁煙友愛会の古い貼り紙がありました。その近くには6つ並んだ石碑の中に大きく「庚申」と記された石碑が3つ混じっていました。

#11-13

友愛会の看板、庚申の碑は、13年前に見たときから印象が強く、今回もkeikoとの与太話の種になっていたのですが、気になっていけません。

後で調べると、全国禁煙友愛会は昭和30年設立、伊那市を本部とし、現在（H.15）は三都県に3万2千人の会員を持つ全国有数の禁煙運動の団体とのこと。

また、「高遠町誌」によると、庚申の碑（庚申塔）は庚申講に係わりがあり、道祖神の脇に建てられるもので、庚申の年（60年に一度）、各部落で部落の総意で作られるものとのこと。荊口の庚申の碑の建立は昭和55年（1980年）でした。この独自性の強い碑は、2040年にも建つのでしょうか。

この日の夜は、宿で風呂に入って、シカ肉の刺身、シシ鍋を食べて、ゆったり過ごすことができました。

#11-14

4日目（最終日、5月14日（月））の起床は朝6時半頃。良い天気ですが、山間のため日影が多くあります。早朝の芝平では、昨日も見た「芝平之里」、「芝平分校跡」の石碑、分校跡の建物もまた違う雰囲気に見えます。日の長い季節にして、分校に日が当たりだしたのは7時半頃でした。

二度訪ねた芝平ですが、クルマの姿、イヌを連れて散歩する新しい住民の方を見かけただけで、地域の方とお話をする機会はありませんでした。

喫茶室で朝食をとり、東さんに芝平について尋ねると、「住民の方は小中学生を自家用車で荊口バス停まで送り迎えされている」、「冬の積雪期でも無人になることはない」など、その様子を教えていただきました。田んぼが見える喫茶室の窓ガラスは、年期を感じさせる厚さのムラがありました。

#11-15

東さんの見送りを受けて分校館を後にしたのは朝10時半頃。首都圏から意外と近い高遠には、何かの機会に再訪することになりそうです。

荊口から中央道方面までの道は、芝平峠を越える林道にはダートがあるとのことで、杖突峠を越えるR.152を選びました。

中央道は諏訪南ICから一宮御坂ICまでとして、塩山からは柳沢峠を越えるR.411（青梅街道）を走り、青梅、所沢を経由して、南浦和に帰り着いたのは午後6時頃でした。初日は強風に悩まされましたが、雨には一度も降られない、快適なツーリングでした。

この日の走行距離は242km（4日間のトータルは770km）。途中、山梨と東京の県境付近の奥多摩湖では、湖に下りて浮き橋を渡るほどの余裕がありました。

（2007年5月13日（日）～14日（月）訪問）

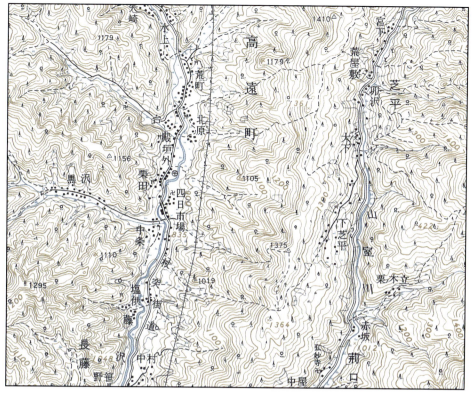

芝平

5万分の1地形図
高遠
1968年
国土地理院

芝平は、高遠町中心部から13km離れた標高1110mの山室川沿いにある。

地形図では、西隣の藤沢川沿いの長藤（標高860m）と芝平は、あまり差がないように見える。

芝平の国勢調査人口・世帯数は、平成22年の28戸47名に対し、平成27年は10戸16名と急減している。伊那市の行政区別世帯数だと、3戸4名（H.29）となっている。行政サービスに頼らない生活は、これからどうなっていくのだろうか。

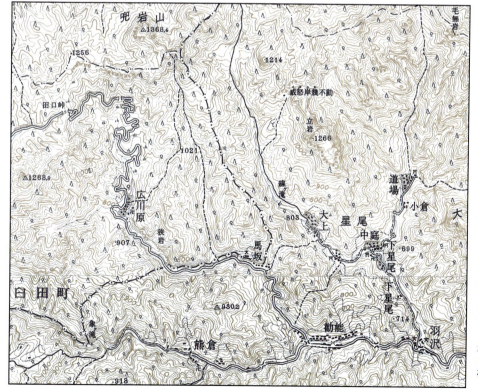

広川原

5万分の1地形図
御代田　1966年
十石峠　1966年
国土地理院

広川原と馬坂は、長野県で唯一利根川水系に所在し、分校は広川原寄り「狭岩」にある（分校跡の標高は680m、馬坂に記された文マークの由来は不明）。

分校と本校がある田口との距離は21kmもあり、途中には標高1110mの田口峠がある。北の内山峠（標高1066m）、南の十石峠（標高1351m）など、他の峠はすべて県境にある。

狭岩分校跡校舎は平成25年に取り壊され、跡地には佐久市の名前入りの跡地碑が建っているという。

＃12　東信・「学校跡を有する廃村」リストを考える旅

長野県佐久市（旧臼田町）広川原

高度過疎集落 広川原にある分校跡（狭岩分校跡）です。

＃12-1

　平成19年夏現在、長野県で見出した「廃校廃村」の数は24か所。信州は埼玉から近く、フィールドワークも順調に進んでいます。

　長野県内を大別するときは、北信、中信、東信、南信という地域名がよく使われています。廃村の数を地域別に分けると、北信4か所、中信8か所、東信1か所、南信11か所。東信は、軽井沢、佐久、上田など、関東から近い信州で、廃村・高度過疎集落はほとんど見当たりません。

　東信の1か所、旧臼田町広川原（Hirogawara）は、戸数4戸の高度過疎集落です。この集落は、下手の集落 馬坂とともに関東側から見て分水嶺（田口峠）の手前にあり、信州ではここだけという利根川水系です。分校跡は、馬坂と広川原の間、少し広川原寄りの川沿いにあります。

＃12-2

　東信では、小海町で集落再編成事業が積極的に進められました。「農山村の人口及び集落の動向」という農林水産省の資料（2001年）には、「辺境に位置する集落住民の要望により、これら集落の全戸（10集落65戸）を昭和51年度から昭和61年度にかけ、順次町中心に移動させた」とあります。

　しかし「学校跡」を重ねて見た場合、はっきり当てはまる集落はありません。「冬季無人集落の可能性もある」と見て、住宅地図ではともに10数戸ながら、集落移転状況図に掲載されていた千曲川右岸 蓼科山から八ヶ岳山麓

の五箇と新開にも足を運ぶ予定を立てました。

　あわせて、住宅地図では6戸という旧佐久町中尾も立ち寄る予定としました。これら3つの集落にあった学校はすべて冬季分校です。

＃12-3

　「学校跡を有する廃村」リスト（後の「廃村千選」）の意味を考えることにもなった旅の出発は、8月27日（月）、日帰りのソロツーリングで出かけました。

　南浦和出発は日の頃朝5時10分。所沢IC、関越道・上信越道経由で、初めて下りる下仁田ICに到着したのは6時50分。まだ新しいICを後にして、まず訪ねたのは昔ながらの下仁田駅。浦和から2時間弱で着けるとは思えないローカルな風情に浸って、缶コーヒーを飲んで一服です。

　下仁田から15分ほど走ると隣村の南牧村。二階に欄干がある特徴がある木造家屋は、養蚕農家の名残りとのこと。御荷鉾林道の終点 勧能を過ぎると県道は急に細くなり、長野県旧臼田町に入ってすぐの小集落 馬坂を過ぎて少し走ると、分校跡の校舎の鈍く赤い屋根が視界に入りました。

＃12-4

　田口小学校狭岩分校は、へき地等級4級、児童数35名（S.34）、昭和47年閉校。狭岩は、分校の背後にある大きな岩の名前に由来します。分校付近には人家はまったくないのですが、県道に沿った目立つ場所にあるためか、4級というほどのへき地性は感じられません。

　一階に落ちていた新聞には横綱大鵬断髪式の記事があ

下仁田駅に立ち寄って、ローカルな風情に浸る

狭岩分校跡は、広川原集落よりもやや下手にある

り、往時の匂いが垣間見れましたが、二階に構える応接セットや段ボールに入った荷物には風情はなく、事務所の廃墟のようでもありました。しかし、これも「訪ねてみてわかったこと」と思うと、納得できるところです。

狭岩分校と本校（田口小学校）は21kmもの距離があり、分校の閉校後、児童は南牧村の尾沢小学校（距離は5km）に委託通学となったそうです。

12-5

分校跡を後にして1km近く上手にある広川原（標高770m）の家々は、県道から少し脇に入った場所にあり、県道を走っているだけでは印象に残りません。

集会所の向かいにバイクを停めて歩いた広川原の集落は、人気のある家と廃屋が半々ぐらい。二階に欄干がある養蚕農家の木造家屋が目を引きます。

高台には禅昌寺というお寺があるので、山道を上がっていくと、往時の賑やかさを偲ばせる大きな山門が迎えてくれました。寺の裏山には「最勝洞」という地下湖があり、あたりは「広川原の洞穴群」として県の天然記念物になっているとのことですが、ここには行きませんでした。

ゲートボール場を経由して集落を一周し集会所に戻ると、南牧村の名前が入ったデイケアのクルマが目の前を通り過ぎていきました。

12-6

広川原を出発したのは朝9時5分。まだまだ時間はあります。ゆるやかなつづら折りが続く県道を上り、田口峠（標高1110m）のトンネルを越えると、信州らしい高原の風景になります。田口峠付近には「日本で一番海か

分校跡で、横綱大鵬の断髪式の新聞記事を見つける。

広川原・養蚕農家の木造家屋が目を引く

大きな山門が印象的な禅昌寺

#12　東信・「学校跡を有する廃村」リストを考える旅

中尾で見かけた建築設備の事務所

中尾・奥のほうの家屋の前にも特徴的な街灯がある

ら遠い地点」があるとのことです。

旧臼田町の中心から小海町方面に向かうR.141の交通量は多く、別世界のようです。佐久穂町(旧佐久町)に入り、蓼科山の方向へ延びる県道を走り、たどり着いた中尾(標高960m)には建築設備の事務所があり、数軒の人気のある家屋がありましたが、地域の方と出会うことはありませんでした。

佐久西小学校中尾冬季分校は、へき地等級2級、児童数15名(S.34)、閉校年不明。冬季分校跡の場所は、残念ながらわからず終いでした。

#12-7

中尾から小海町方面へと蓼科山の裾野を走る農道にはほとんど道標もなく、少しずつしか進めません。道中で印象に残ったのは、旧八千穂村松井の戦後開拓記念碑です。碑には「分校が開設された」との旨が記されていましたが、その後の調べでも確認できませんでした。

旧八千穂村には別荘地や研修施設が多くあり、R.299沿いには観光地の匂いがあるので、昼食は観光売店でおやきを食べました。小海町には山を上るルートで入り、

稲子湯で一服して、新開(標高1210m)に到着したのは午後1時15分。「農山村の人口及び集落の動向」には「新開からは21戸が小海町の中心に移転した」の旨が記されており、かつ、バスは冬季運休なのですが、新開の第一印象に「冬季無人集落」の気配は感じられませんでした。

#12-8

北牧小学校新開冬季分校は、へき地等級1級、児童数10名(S.34)、昭和41年閉校。道に沿った「やまいも工房」というギャラリーに入って、お店の方(宮川さん)に冬季分校のことを伺うと、「作業場の中に閉校記念碑がある」とのこと。この記念碑は、植栽の中に隠れるようにして建っていました。

新開の戸数は12戸。集落の様子、宮川さんのお話を総合すると、新開は一般の集落と判断してよさそうです。

新開から、松原湖、八那池を経由して五箇へ向かう農道には、道標がある分岐がいくつかありました。何とか迷わず到着した五箇は、標高1120m。まず、ボーイスカウトの研修所としても使われているという公民館を目指していくと、公民館前には冬季分校の閉校記念碑が建っ

「分校が開設された」と記されていた松井の戦後開拓記念碑

たくさんのコスモスが咲く新開バス停

長野県佐久市広川原

五箇・標高標示がついた案内板

「五箇水源」で水を汲む

ていました。

#12-9
　北牧小学校五箇冬季分校は、へき地等級2級、児童数13名（S.34）、昭和42年閉校。この公民館は、往時の冬季分校の建物ということがわかりました。
　五箇には「五箇水源」と呼ばれる名水があり、地域の方に場所を確認して水を汲みに行きました。おいしい水が飲めるというのは、幸せなことです。
　五箇の戸数は16戸。「農山村の人口及び集落の動向」には「（五箇と同位置の）茨沢から8戸、梨の木沢から8戸、二又から7戸が小海町の中心に移転した」の旨が記されているのですが、集落の様子、地域の方のお話を総合すると、五箇も一般の集落と判断してよさそうです。
　五箇を後にして、小海町の中心に着いたのは午後3時10分。中尾、新開、五箇というリスト候補を訪ね、調べる旅は、とても味わい深いものでした。

#12-10
　帰り道は小海町の中心からぶどう峠（標高1510m）を

ぶどう峠を越えて帰途をたどる

越えて、上野村、旧鬼石町を経由して、本庄児玉ICから関越道を走りました。途中、上野村三岐では、平成17年11月には工事中だった温泉が「しおじの湯」として開業していました。南浦和に帰り着いたのは夜7時45分、走行距離は424kmでした。
　「学校跡を有する廃村」リストにおいて、廃村（集落跡）と高度過疎集落、過疎集落の境界線は曖昧です。しかし、リストが現地を訪ねるための導火線になることは間違いありません。「学校跡を有する廃村」リストは、全国各地の見知らぬ廃村や過疎の村に興味を持つための道具として、役に立つように作りたいと思います。

（2007年8月27日（月）訪問）

（追記）「学校跡を有する廃村」リストは、平成21年、「廃村千選」と名称変更しました。

公民館前に、冬季分校の閉校記念碑が建っていた

＃13　小谷村・「暮らし」が続く萱葺き家屋の廃村へ

長野県小谷村真木(おたり　まき)

廃村 真木の藁葺き屋根の大きな家屋（真木共働学舎）です。

＃13-1

平成19年9月、京都の大学（京都精華大学）の教授（山田國廣先生）から「廃村をテーマとした講義」の依頼があり、検討の結果、月末にはその概要と日程が決まりました。タイトルは「日本の廃村の現状とこれから」、時期は平成20年1月中旬です。

講座（総合講座Ⅱ）は、連続講演会形式（半期、全15回）で、対象は人文学部（文化表現学科、社会メディア学科、環境社会学科）の1回生とのこと。

「現状」は、北海道から東北、関東、甲信越、東海、北陸、関西、中国、四国、九州、沖縄と、地方別にひと通りの様子をまとめ、同時に鉱山、炭鉱、ダム関係、離島、戦後開拓集落、営林集落、冬季分校、へき地5級校など、テーマ別の紹介を行うということで、素案を作りました。

＃13-2

もうひとつの「これから」は、「かつて村があった地が、現在どのような形で活用されているだろうか」を考えることにしました。宿泊施設、新しい住民の居住地、観光施設、別荘地などが考えられますが、私が魅力を感じるのは、その土地の風土になじんだ、往時の雰囲気を生かした活用例です。

思い浮かんだのは、宿泊施設では岩手県川井村のタイマグラ、長野県飯田市の大平宿、豊丘村の野田平、長崎県小値賀町の野崎島、新しい住民の居住地では長野県伊那市（旧高遠町）の芝平、小谷村の真木、観光施設では福井県南越前町（旧今庄町）の板取、沖縄県竹富町の由布島、別荘地では秋田県鹿角市の切留平、山梨県甲斐市（旧敷島町）の大明神などです。実際に足を運んだ場所はその雰囲気がわかるので、講義にも積極的に使うことができます。

＃13-3

かつて北国街道の関所・宿場が置かれた板取は、雪深い不便さのため昭和57年頃廃村となりました。しかし、往時の茅葺き屋根の民家が保存されており、そこに行政が募った新しい住民が暮らされているとのこと。

「これは是非見ておこう」と、11月10日（土）、関西出張の機会を生かして足を運びました。観光の方が歩く石畳の舗道、洗濯物が干される萱葺き屋根の家屋には、往時の雰囲気をうまく残した観光施設のように感じられました。

由布島は、西表島から水牛車で訪ねる熱帯植物園がある観光地です。西表島には二度足を運んだことがあるのですが、昭和40年代の由布島に高潮の被害に係わる集団離村の歴史があることに気付いていませんでした。思いつきで行ける場所でないだけに、残念なところです。

＃13-4

もうひとつ、思い浮かんだけれど足を運んでいなかったのが小谷村の真木（Maki）です。大きな萱葺き屋根の家屋があり、映画「楢山節考」のロケ地になったという山間の小集落 真木（標高930m）は、昭和47年に全戸転出となりました（「小谷村誌」より）。しかし、昭和53年、共同生活を行う団体（共働学舎）の方々が移り住み、以来、

福井県の廃村 板取に建つ藁葺き屋根の家屋

藁葺き家屋のそばには、バスケットボールのゴールが見られました。

自給自足の暮らし(夏は主に農耕、冬は機織りや木工製品の製作など)の生活を営まれているとのこと。

今も真木に通じる車道はなく、たどり着くためには1時間半の山道を歩かなければならないとのことで、ここも講義の前に見ておきたくなりました。調べたところ、浦和から日帰りで行くことも可能のようです。すでに白馬・栂池のスキー場は開業しており、雪景色を楽しむこともできそうです。

13-5

日帰りの真木への旅は11月25日(日)に実行しました。JR新宿駅発朝7時の特急「あずさ」に乗って、松本で大糸線のローカル電車に乗り継いで南小谷駅に到着したのは11時17分。長い道のりですが、景色を楽しみながら過ごす時間は、講義内容を整理するにはちょうどよいひとときです。

天気はすこぶる良く、北アルプスの山々もすっきりと見えます。雪は、青木湖を過ぎた辺りからちらほら見られるようになりました。

南小谷駅から真木までは約4km。南小谷小学校を過ぎて、共働学舎のポストが置かれた三差路が真木への山道の入口です。坂を上がっていくと雪の量も多くなってきましたが、雪はよく踏まれておりスニーカーでも歩ける程度です。峠では視界が広がり、日差しも暖かくてとてもよい気分です。

13-6

峠から先はクルマが入れない山道です。川に沿った谷間は日影になっていて、ずいぶん寒い感じがします。「峠を越えて、橋を渡り」を二度繰り返し、日当たりが良い高原面に広がる真木に到着したのは12時50分。往路では、途中誰とも出会いませんでした。

真木に残る往時からの萱葺き屋根の家屋は5棟ほど。真ん中の大きな家屋には、真木共働学舎の表札があり、声をかけてみたのですが留守の様子です。

集落は整然としており、家屋の周りにはバスケットボールのゴールやブランコがあり、いわゆる廃村の雰囲気ではありません。往時の雰囲気は色濃く残っているのに、人気がないのがアンバランスです。昼食を買い忘れたので、何となく落ち着かない中、アメをなめてひとときの休憩となりました。

橋が架かる谷間は日陰になっていた

日当たりのよい高原面に家屋が見えてきた

#13　小谷村・「暮らし」が続く萱葺き家屋の廃村へ

家屋が建つ高原面からは、北アルプスの山々が見える

真木分校跡標柱の文字は、白ペンキで書かれていた

#13-7

分校跡を探そうと周囲を探索してみましたが、少ないとはいえ積雪の中、歩くことができる場所は限られています。いちばん奥の家屋を過ぎて少し行くと踏み跡はなくなり、戻らざるを得ません。振り返ると、目の前に北アルプスの稜線が広がっており、景色の良さも特筆ものです。

大きな萱葺き屋根の家屋に戻ると、ちょうど共働学舎の方が二人戻られていたので、ご挨拶して分校跡の場所を尋ねると、山羊が飼われている小屋のほうに少し歩いた場所にあるとのこと。また、真木の冬は2m以上の雪が積もることもあるが、通年ここを離れることなく暮らされているとのこと。

お礼をいって分校跡への道をたどると、小さく広がった敷地の中に「真木分校跡地」の標柱と建物の土台を見出すことができました。

#13-8

南小谷小学校真木分校はへき地等級2級、児童数6名

真木の暮らしには、不便ならではの楽しみがあるように思えた

(S.34)、昭和43年閉校。古い地形図を見ると真木に通じる道は3つあり、真木の北側には祖子山、屋太郎、南側には穴ノ当、松ヶ尾という小集落が記されているのですが（南小谷は真木の西側）、これら小集落はすべて廃村になっています。

往時の雰囲気が色濃く残るのは、クルマが入ることができない不便さだからこそなのでしょう。冬の真木の暮らしは厳しいことが想像されますが、不便さならではの楽しみがあるように思えてなりません。またそれは、共同生活だから成し得ることのようにも思えます。

お地蔵さんに挨拶をして、真木を後にしたのは午後2時半頃。復路では、それぞれ単独で、4人の共働学舎の方と出会いました。

#13-9

4時頃には南小谷駅に帰り着き、白馬駅から長野駅を急行バスでショートカットすると、夜7時20分には大宮駅に到着していました。

途中、白馬駅前のマクドナルドで、ハンバーガーをかじったとき、「田舎暮らしは憧れても、なじめるものではないだろうなあ」と感じました。

「日本の廃村の現状とこれから」の講義は、平成20年1月16日（水）に行われました。学生には「廃村の活用策について、2つ以上提案してください」という課題が出されました。

「映画のロケ地とする」、「自然を体験できる場所にする」、「田舎暮らしがしたい方に提供する」など、いろいろな活用例が提案されましたが、「現存の家屋はなるべくそのまま残す」、「その土地の伝統を大切にする」という声が多く見られたのが印象的でした。

(2007年11月25日（日）訪問)

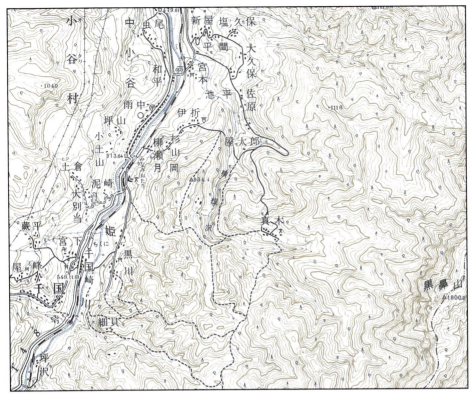

真木

5万分の1地形図
白馬岳
1971年
国土地理院

真木は、南小谷駅から4km離れた標高930mの山の麓にある。昭和47年に無住となったが、昭和53年に協働学舎の方々が移り住み、「暮らし」が復活した。

地形図には真木の北側に「屋太郎」という集落名があるが、屋太郎は地すべり被害を契機として昭和35年に離村している。

今も車道が通じておらず、萱葺き屋根の家屋と暮らしがある真木に行くと、「昭和30年代の山村はこんな感じだったのかな」とほのかに想像することができる。

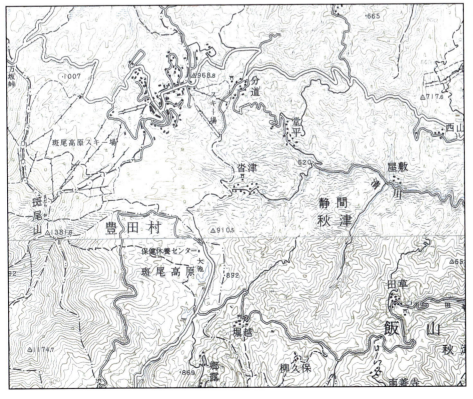

堂平
沓津

5万分の1地形図
飯山　1993年
中野　1995年
国土地理院

平成期の堂平、沓津の地形図を見ると、新潟県境にまたがって斑尾高原スキー場（昭和47年12月開設）があることが目を引く。

地形図を見る分には、堂平、沓津も斑尾高原の賑わいの一角にあるような感じもする。ちなみに沓津の解村は昭和47年3月である。

地形図ではスキー場と大池保健休養センターの間に道が記されていないが、平成7年以降の開通なのだろうか。現在、大池のそばには「まだらおの湯」が開設されている。

♯14　斑尾高原・「熱中時間」で雪中廃村初詣

長野県飯山市沓津(くっつ)

廃村 沓津に建つ、雪に埋もれた離村記念碑です。

♯14-1
　平成19年11月下旬、TV製作会社のプロデューサー（能登屋さん）から「廃村めぐりについて、お話しを伺いたい」というメールがありました。二度ほどのやり取りの結果、NHK-BSの「熱中時間～忙中"趣味"あり～」という番組に「廃村めぐり熱中人」として出演することが決まりました。
　「熱中時間」は「ひとつの事にこだわる趣味人をドキュメント紹介する番組」で、私も何度か見たことがあってなじみがあり、取り上げていただくには嬉しい番組です。ただ問題はロケのメインが1月、オンエアが2月上旬というスケジュールです。冬は廃村探索には、良い季節とはいえません。
　「廃村めぐり熱中人」ドキュメントの時間は25分。現地ロケも5か所ほど考えているとのことで、本腰を入れて取り組まなければなりません。

♯14-2
　能登屋さんとディレクター（鹿島さん）と一緒に検討をした結果、まず行くことになったのは、東京・埼玉から電車で気軽に行ける東京都奥多摩町の峰(みね)です。峰には12月24日（月祝）、スタッフに廃村になじんでもらうことを兼ねて、妻（keiko）とともに出かけました。
　スタッフは鹿島さん、カメラの方、音声の方、アシスタントの計4名。JR鳩ノ巣駅で合流して、皆で歩いた山道では電柱跡の切り株が目立ちました。
　私は峰は6回目ですが、keikoは初めて、スタッフは廃村そのものが初めてです。わずかな遺物が残された敷地、日天神社、倒壊した廃屋、福島文長の屋敷跡、倒壊寸前のタイムマシンの廃屋などを案内するように回りましたが、その中で、日天神社のイチョウの黄色の枯葉が印象に残りました。

廃村 峰・崩壊寸前のタイムマシンの廃屋

峰・日天神社のご神木とイチョウの落ち葉

雪の中の沓津では、モルタル壁が明るく見えました。

14-3

次に出かけることになったのは、長野県飯山市の沓津 (Kuttsu) です。能登屋さん、鹿島さんからは「浅原さんがまだ足を運んでいない廃村」ということで、小谷村戸土、塩尻市（旧楢川村）桑崎などが候補に挙がったのですが、なじみのない廃村に単独で積雪時に出かけるというのは無謀です。

旅の実行は年始めの平成20年1月4日（金）で日帰り。南浦和出発は日の出すぐの朝7時15分。長野新幹線とバスを乗り継ぎ、JR飯山駅前でスタッフと合流したのは午前10時頃。天気は曇り時々雪。まず、飯山市内の沓津出身の方の家に立ち寄り、「行けないことはない」ことを確かめました。除雪されている区間を確かめた結果、頭に浮かべていた清川沿いの道はあきらめ、堂平経由の道を選ぶことになりました。

14-4

堂平から沓津までの道のり（約2km）はなじみのある車道です。堂平出発は午後12時半頃。私はカンジキを履いて、スタッフはその足跡をたどる形で歩きました。「歩いていればやがて着くよ」と気楽に歩き始めたのですが、雪は予想よりも深く（50cm前後）、沓津入口の三差路付近では雪崩が起こっている箇所があり、「大丈夫かなあ」という雰囲気が漂い始めました。鹿島さんからは「あとどのぐらいですか」という声がかかりました。

上り坂を進むと雪は少しずつ深くなり、養魚場跡に着くまで長く感じられました。さらに汗ばみながら歩くと、分校跡の建物が視界に入りました。堂平から約1時間半、重い機材と一緒に歩かれたスタッフの方はたいへんだったと思いますが、皆で無事に到着できたということで、喜びもひとしおです。

14-5

沓津は標高約660mの緩斜面。山の上は斑尾高原のスキー場で賑わっています。秋津小学校沓津分校は、へき地等級2級、児童数17名（S.34）、昭和47年閉校（解村と同時期）。沓津に何度も通うのは、無人になって36年経過し今もしっかり建っている分校跡の建物を見たくなるからに違いありません。

スタッフと分かれて分校脇から一段上に登り、見渡した集落跡はすっかり雪に埋もれています。往時からの家

堂平から入口三差路までは、穏やかな下りの雪道

入口三差路付近で、雪崩の箇所に遭遇する

#14　斑尾高原・「熱中時間」で雪中廃村初詣

藁葺き家屋の屋根も真っ白になっていた

所々にはさ掛けの柵が見られる

屋の萱葺き屋根も雪でまっ白です。

再びスタッフと合流して、一緒に訪ねたのは沓津神社です。急な坂を登ってくぐった鳥居の綱には飾りが施されていて、地域の方が新年にお参りに来られた様子が伺えました。私は三が日、浦和近辺で神社には行かずに過ごしていたので、これが初詣となりました。

#14-6

「村に無縁の者ですが、見させてください」と、神社の祠やお地蔵さんに手を合わせてご挨拶することは、廃村の定義（調べ方）を明確にすることとともに、「熱中時間」のロケでこだわったポイントです。このご挨拶は「秋田・消えた村の記録」の佐藤晃之輔さんから直に教えていただいたもので、スタッフに話をすると、今の形の廃村めぐりを始めた頃（平成11年〜12年）、佐藤さんと一緒に秋田県の廃村をめぐったことを思い出しました。

スタッフが拝殿の風景撮影をしている間、「拝殿の裏にはご本尊が奉られているのかも」と思い回り込んでみると、その通り、ご本尊が待っていました。
沓津を訪ねること8回目にして初めて見つけたご本尊が奉られた建物の屋根の裏は、銅が錆びたような緑色をしていました。

堂々と構える沓津神社の鳥居

火の見やぐらが遠くに見える

ご本尊にもご挨拶ができた

長野県飯山市沓津

雪景色の中、わずかに離村記念碑が見えた

碑を撮るスタッフの姿をカメラに収める

#14-7

　カンジキは神社の境内で外したのですが、5人の足跡で踏まれた雪は、カンジキなしで歩いても問題ないほど固められていました。

　はさ掛け（稲穂干し）の柵や、錆びた火の見やぐらを眼にしながら、雪に埋もれた離村記念碑を見に行きました。碑（昭和59年建立）碑の表面には、神社の宮司の名前が刻まれています。沓津神社で春と秋の例祭が続けられていていることを考えても、宮司の存在の大きさが感じられます。

　「碑」の字を隠していた雪を払った私の姿をスタッフは丹念に撮影し、碑がたたずむ風景を撮るスタッフの姿を少し離れた位置から私はカメラに収めました。スタッフの仕事ぶりは番組作りに打ち込む職人肌のもので、私が「番組作り熱中人」というと、皆大笑いしていました。

#14-8

　集落跡を一周し、再び分校跡に戻って撮影の〆。鹿島さんの「浅原さんは今回廃村（沓津）を巡って何を感じられましたか」との問いに、私は「時の流れが短く感じられる」と答えました。沓津分校が閉校となった年（昭和46年度）、私は小学3年生（9歳）。それから36年経ち、無人の村に建ち続ける分校跡の姿に、ひととき私は田舎ののどかさが好きだった小学生の頃を思い出したようです。それは連続する日常の生活の中では感じられないことです。

　深い雪に埋もれた廃村は、「ひととき日常生活から離れること」を楽しむ旅としてはいちばんの場所かも知れません。「雪に閉ざされると不便さがよくわかるなあ…」と思いながら、分校跡の建物を見上げていると、窓枠の上側に銅が錆びたような緑色の部分があることに気付きました。

分校跡の建物、窓枠の上側が緑色っぽく見える

#14-9

　沓津ロケの所要時間は2時間強。「明るいうちに戻らねば」と急ぎ足で来た道をたどり、堂平に到着したのは夕方5時。しかし、ロケバスのタイヤが雪で空回りして進めなくなるというハプニングがあり、しばし立ち往生することになりました。堂平の戸数は2戸（H.19）とありますが、家々に人気はなく、堂平も冬季無人集落になった様子です。斑尾高原リゾートの明かりがほのかに届く堂平の夜景は、記憶に刻まれるものでした。

　最寄りのペンションで飯山在住の方に伺った話では「みんな冬はスタッドレスで4WDに乗るから、チェーンはほとんど使わない」とのこと。

　帰り道はロケバスに便乗し、豊田飯山ICから上信越道に乗り、関越道、外環道経由、JR東浦和駅で解散したのは、終電が出た直後の午前0時半頃でした。

（2008年1月4日（金）訪問）

＃15　遠州・「熱中時間」で寒中廃村ツーリング

静岡県浜松市天竜区（旧龍山村）新開、（旧水窪町）有本、大嵐、峠

廃村 有本の神社（日月神社）の鳥居です。

＃15-1

「熱中時間」のロケは全部で8日間。峰、沓津に続いて、江戸東京博物館（京都精華大学での廃村の講義のプレ講義、1/13（土））、自宅（1/14（日））、国会図書館（1/17（木））、遠州ツーリング（1/18（金）～20（日））の順で行われました。その間、大学の講義が1/16（水）にあったので、1/17（木）は、朝9時頃に大阪を出て、午後から神楽坂の会社に出勤し、仕事後にスーツで国会図書館に向かいました（大学の講義の年休消化は1日半）。

遠州ツーリングは「熱中時間」の現地ロケのハイライトです。大寒の頃、私が足を運んでいなくて、「是非訪ねたい」と思うところで、比較的東京から近くて雪がないという廃校廃村は、遠州・旧水窪町峠（Touge）・有本（Arimoto）・大嵐（Oozore）ぐらいです（ツーリングの年休消化は1日）。

＃15-2

その中で有本は、平成13年夏に地形図・住宅地図で見つけて以来、山の緩斜面に空き家が記された様子がいかにも廃村らしくて、ずっと訪ねてみたかった場所です。平成19年5月に旧水窪町河内浦・門谷を訪ねたときも、有本は時間が足りなかったため次回まわしとなっていました。

水窪へのアプローチは、大阪から豊橋経由、佐久間からレンタカーを借りて訪ねる、大阪もしくは東京から浜松経由、浜松でレンタバイクを借りて訪ねるなども考え、スケジュールを立てました。しかし、国会図書館ロケで大阪から一度東京に戻ることになったので、「それなら、浦和からバイクで出かけましょう」と覚悟を決めました。私のバイク歴は20年を越えますが、大寒の頃に泊まりがけのツーリングに出かけるのは今回が初めてです。

＃15-3

宿は、1/18（金）は旧龍山村新開（Shinkai）の「ペンションふるさと村」、1/19（土）は旧水窪町二瀬の山王峡温泉「しらかば荘」に決めました。「ペンションふるさと村」は、かつて分校もあった営林集落跡に建つ山の中の一軒宿で、新開も探索すると、静岡県の廃校廃村7か所（当時）をすべて訪ねることになります。「しらかば荘」は、峠・有本・大嵐のほど近くにあるため、「訪ねるならばここしかない」という立地条件です。

こうして、2泊3日・TVロケの寒中ツーリングの行程が決まりました。厳しいスケジュール、厳しい気候の中でのツーリングですが、初めてづくしの旅には期待も多く、楽しめることは間違いなさそうです。スタッフもロケハンは行っておらず、筋書きはないに等しいぶっつけ本番です。

＃15-4

出発当日（1月18日（金））は、寒いながらも天気は快晴。「出発のシーンを撮影する」というスタッフと待ち合わせて、keikoの見送りを受けてなじみのバイクBAJAで南浦和を出発したのは午前8時45分頃。途中、首都高・赤坂あたりで見たビルの温度表示は0度とありました。

東名は、海老名、足柄、富士川、牧ノ原と、SAごとに短い休憩を取りながら走り、掛川ICに到着したのは午後

「高菅自主防」と書かれた防災倉庫前で小休止

斜面の集落 有本では、レンガ造りの蔵が見られました。

2時頃。途中、バイクはほとんど見かけませんでしたが、革ジャンの上からカッパを着るという厚着の効果もあり、まずまずのペースで走ることができました。旧天竜市二俣のGSでうかがった温度は12度。R.152から脇に入った山道では、高誉と書かれた自主防災組織の倉庫があり、古い家屋も見られたので、小休止をしました。

♯15-5

スタッフはディレクター（鹿島さん）、カメラの方（今野さん）、音声の方（小島さん）、アシスタント（細川さん）の4人組。ロケにも慣れてきて、小休止の間にカメラが回っていても、余裕で対応ができます。狭い山道ではバイクの機動性は光り、「BAJAで来てよかった」と思うことしきりです。

最初の目標 新開到着は午後4時少し前。この日の走行距離は305km。「ペンションふるさと村」のご主人 小川博義さんは旧天竜市出身の方で、地域の歴史を詳しく調べられており、新開の営林集落跡についてもファイルを整理されていました。小川さんによると、「かつて住まれていた方が訪ねられることがあり、往時の写真などをいただいたり、地図を書いてもらったり、そんな資料をまとめているとファイルができた」とのこと。

♯15-6

「往時の雰囲気が残ったところはありますか」と尋ねると、「ご案内しましょう」と嬉しいお返事。往時からかかる旧明善橋、分校跡、燃料倉庫の跡、道の脇の茂みに潜む往時からの植木鉢などを一緒に見歩きましたが、案内がないとまず見つけることはできない植木鉢は、強く印象に残りました。

瀬尻小学校高誉分校はへき地等級3級、児童数28名（S.34）、昭和36年閉校。高誉は、新開と1km強離れた小集落 旧開の総称です。整地が施された分校跡には「金原明善顕彰碑」という碑が立つだけで、往時の雰囲気は残されていません。小川さんから「ここに大きなモミの木があった」という話をうかがうと、「もったいないですね」という言葉が出てきました。分校跡と宿の間にかかる旧明善橋は、整地の盛り土に埋もれた感じで残っていました。

♯15-7

金原明善は、天竜川の治水、流域の植林事業などを手がけた明治・大正期の実業家です。小川さんの話によると、新開の開拓は明善の手によるもので、往時は明善の別宅があり、森林鉄道が走っていたこと。顕彰碑は、整地

新開・宿のご主人に往時の植木鉢を案内していただく

旧明善橋、手前に高誉分校跡の平地がある

#15　遠州・「熱中時間」で寒中廃村ツーリング

新開の山神社は、森林管理署の方に手入れされている

新開－有本間、不動の滝駐車場で小休止

が施されたときに天竜川沿いから移動されたもののことです。

　新開はその標高（560m）から冬に訪ねるには不向きな場所かもと思ったのですが、冬でもめったに雪は積もらないとのこと。さすが温暖な静岡県です。

　2日目（1月19日（土））の起床は朝6時。天気は晴れ。宿の上流側の防災倉庫がある場所には使われている様子の森林管理署の作業小屋が建っていました。さらに上流の山神社は整然としており、村の神様にご挨拶。小川さんに尋ねたところ、今は森林管理署の方が手入れされているとのこと。

#15-8

　意外に見所が多かった新開を出発するとき、「今日のロケは有本と大嵐に絞ろう」と決まりました。途中、不動の滝での小休止では、バイクが走る様子を今野さんがロケバスの屋根の上に登って撮ってくれました。水窪市街は通過して、二瀬からは白倉川沿いの道（林道白倉山線）を走ります。

　二番目の目標 有本に到着したのは午前11時20分。車道は集落跡の入口までです。入口そばの住宅地図に記された唯一の家にも人気はありません。ゆるやかな斜面の歩道を上がっていくと、標高690m、南向きの斜面の日当たりはとてもよく、見晴らしも利いて立体感があります。整えられた茶畑に交じって、ススキに埋もれた畑の跡も見られます。大きな母屋やレンガ作りの蔵、火の見やぐらなども見られましたが、人気はまったくありません。

#15-9

　神社の手前の平屋建ての廃屋の側面には、赤いホース収納箱とともに扉が付いた空の木の箱が付けられていました。「これは公民館跡で、箱の中には公衆電話が入っていたんじゃないかな」とスタッフに説明すると、鹿島さんから「よい表情が出ていますね」と声がかかりました。

　しめ縄が飾られた鳥居をくぐって神社を訪ね、村の神様にご挨拶をして近くの草に埋もれた廃屋をのぞくと、大きなTVと目が合いました。

　地形図を見ると、分校跡は公民館風の建物より少し上手にある様子です。「行きましょう」と意気込んで、坂を上り詰めてたどり着いた分校跡を見込んだ場所には、二

有本・集落跡の斜面には茶畑が広がっている

平屋建ての廃屋を公民館跡ではないかと想定する

静岡県浜松市天竜区新開、有本、大嵐、峠

有本分校跡、上段が教員住宅跡ではないかと想定する

門柱跡らしき一対のコンクリ土台を見つける

段になった敷地があるのみでした。なぜか敷地の真ん中には蛇口があって、ひねると水が出てきました。

15-10

水窪小学校有本分校はへき地等級2級、児童数29名（S.34）、昭和46年休校。30年間の休校を経て平成13年閉校。東側に1kmほど離れた分校の通学区域と思われる 大寄（おおより）も、住宅地図を見ると今は無人の様子です。二段の敷地の上のほうは小ぢんまりとしたもので、どうやら教員住宅跡地のようです。

「何か痕跡はないものかな」と敷地の縁を見回すと、門柱跡らしき一対の四角いコンクリートの土台を見つけることができました。枯木をはらって、門柱跡に続くコンクリートの段に佇むと、ここに子供たちが集って賑わっていた頃の様子を想像することができました。「訪ねてきてよかった」と思えるひとときです。門柱から下手へ続く道は荒れており、枯草をかき分けて進むと、先には昔ながらのかまどがある大きな廃屋が残っていました。

15-11

三番目に目指した大嵐は、白倉山林道沿い最奥の集落です。標高710m、大嵐の住宅地図に記された家屋は3戸ですが、分校跡がそのまま残されています。

林道白倉山線にある大嵐バス停に到着したのは午後2時20分（有本−大嵐は約4km）。バスは週に2日（火・金）、2便だけ走るコミュニティバスで大嵐が終点。周辺には廃屋があるだけのバス停近くにバイクとロケバスを停めて、車道を歩いて上がっていくと、10分ほどで大嵐分校跡に到着しました。

水窪小学校大嵐分校はへき地等級4級、児童数56名（S.34）、昭和60年休校。19年間の休校を経て平成16年閉校。近くの小集落 時原、針間野（はりまの）、桐山も通学区域でしたが、すべてごく少数戸（住宅地図に記された家屋は1戸もしくは2戸）で、人気はほとんどなさそうです。

15-12

大嵐分校跡でも敷地は二段になっており、上が教員住宅跡の様子です。教員住宅跡には、私と同じぐらいの年配の方（福田さん）が住まれており、ご挨拶。分校跡や集落について話を伺うと、職員室跡が自治会の集会施設として使われているとのこと。

また、神社は時原か草木までいかなければないとのことで、「村の神様へのご挨拶」にこだわり、谷向かいの時原に出かけることになりました。時原へ向かう道では山の中腹にある大嵐集落の遠景がよく見える場所があり、スタッフはこれが気に入った様子です。神社は目立たないものでしたが、その横の大きな二階建の閉ざされた家屋には趣があり、「カイコが飼われていたのでは」と探索したひとこまは、番組の冒頭で取り上げられました。

15-13

夕方5時頃には周囲は暗くなり、ロケは終了です。スタッフとは大嵐バス停前で別れ、「しらかば荘」には単独で泊

大嵐・平成16年に閉校となった分校跡の建物

#15　遠州・「熱中時間」で寒中廃村ツーリング

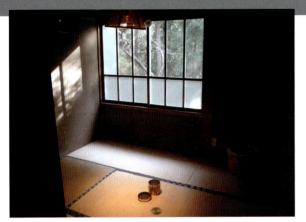
宿直室には往時の雰囲気が色濃く残っていた

小さな個人商店跡の撮影でロケは終了

まりました。「スタッフの分まで部屋が取れなかったから」とのことでしたが、ひとりで過ごす夜は落ち着くにはよかったように思います。この日の走行距離は67kmでした。

この日、宿に泊まっていたのは和歌山からの土木作業の方々。温泉という看板が上がっているものの、泊まられるのは作業の方が主のようです。

3日目（1月20日（日））の起床は朝6時半。天気は晴れ時々曇ですが、天気は午後から下り坂とのこと。8時にスタッフと合流し、まず有本を再訪しました。有本では老夫婦の姿が見られたので、挨拶をしてお話を伺うと、家は水窪市街にあり、この日は山仕事をするため来られたとのこと。

#15-14

続いて大嵐も再訪し、前日できなかった分校跡の撮影などを行われました。今も地域の集会所として活用され、電灯が点く分校跡は、高度過疎集落ではあまり見られないもののように思います。特に、廊下や宿直室には往時の雰囲気がよく残り、味わい深かったです。あと、干からびたハエ取り紙がいい味を醸し出していました。撮影を始めてしばらくすると、教住の福田さんが「こんなものが見つかった」とハンドベルを持ってきてくれました。

もうひとつ、大嵐で気になっていたのが住宅地図に載っていた柱本商店です。「どんな様子だろう」と訪ねたのですが、店は閉ざされていました。福田さんによると、店主のおばあさんは昨年 水窪市街に越されたとのこと。なぜか店の入口脇には、分校で使われていたと思われる椅子が置かれていました。

#15-15

商店跡の前で行われた〆をイメージした撮影では、「浅原さんにとって廃村めぐりとは」というスタッフの問いに、「古き良きものをなつかしがるのではなく、これからの暮らしを考える上で、何かのヒントを見つけることができると嬉しい」など、いくつかのことを答えたのですが、番組の〆は「今後の夢は」というナレーター（田山涼成さんという俳優）の問いに、有本で何気なく話した「全県制覇が大きな目標」と答える形で作られていました。

スタッフとは大嵐で別れ、最後の目標となった峠には単独で出かけました。地双橋から脇道に入り坂を上り、峠の分校跡と推測した場所に到着したのは午前11時15分。そこは野外活動の施設の跡で分校跡ではありませんでしたが、到着したとき、いつもの廃村探索の雰囲気に戻ったことを感じました。

#15-16

古い地形図、住宅地図で確認すると、野外活動の施設は「水窪自然クラブセンター」のようで、文マークはそれよりも南側に記されています。

峠は山の稜線にある小集落で、標高730m。日影には雪がちらほら積もっています。今の住宅地図に記された峠の家屋は2戸。「誰かいないかな」とバイクを停めて家を訪ねると、1戸は長らく閉ざされている様子で、もう1戸は留守のようでした。

しかたがないので、古い地形図を頼りに山道を下っていくと、神社の裏手に到着しました。住宅地図には八坂神社とあり、山の中にしては大きな神社です。「このあたりが学校跡のはず」と境内を見回すと、「水窪小学校大地分教場跡地」という石碑が見つかりました。

#15-17

水窪小学校大地分校はへき地等級2級、児童数93名（S.34）、昭和45年休校。8年間の休校を経て昭和53年閉校。峠は小さな集落なのに児童数が多いのは、二瀬、地双、下田、両久頭、小又、瀬戸尻、根、戸中といった

静岡県浜松市天竜区新開、有本、大嵐、峠

峠・単独で八坂神社を訪ねる

神社境内で見つけた大地分校跡の碑

小集落がすべて通学区域にあったためと思われます。このうち、両久頭、小又、瀬戸尻は水窪ダム（昭和44年竣工）の湖底に沈み、根、戸中は無住化し、二瀬、地双、下田はごく少数戸（住宅地図に記された家屋は1戸もしくは2戸）です。

神社で、村の神様にご挨拶をして、近くの建物を見回すと、なぜか分校で使われていたと思われる机や椅子が無雑作に置かれています。「これは絵になるのでは」と思いつき、机、椅子を分校跡の石碑のところに運び、セットで写真を撮りました。

15-18

「そろそろ水窪市街に行こうかな」と思った頃、山道からビーグル犬を連れた猟の方（和田さん）が下りられてきました。ご挨拶をして、神社、分校のことをうかがうと、もともと分校だったところに、閉校後神社が移転してきたそうです。境内の古いトイレや物置は、分校の頃からのものとのこと。

もうひとり猟の方（高橋さん）が来られて、昼食休みとなったので、挨拶をして休みの輪の中に加えさせていただきました。高橋さんの「カメラを構えたクルマが道を走っていたけど」と問いに、私は「廃村めぐりのTVロケをしていたんです」と答えました。私は猟について尋ねると、高橋さんは「猟期は11月から2月まで、動物はシカやイノシシ」と答えてくれました。お二人には、お菓子と缶コーヒーをご馳走になりました。ありがとうございます。

15-19

お二人を見送り、峠を出発したのは午後1時半頃。空は曇り、ちらりと雪が落ちてきました。水窪市街は通過し、袋井IC近くのGSでカッパを着るなど防寒体勢を固め、後は足柄SAでGSに入っただけで、休憩なしで東名・首都高を走りました。静岡市内からの弱い雨は足柄SAではみぞれに変わりましたが、幸い県境を過ぎると上がり、首都高も「高速」で走り抜けることができました。この日の走行距離は355km、南浦和に帰り着いたのは夜7時半頃でした。

「熱中時間」ロケはハードでしたが、スタッフもたいへんだったのではないかと思います。「オンエアの時間の20倍はフィルムを撮る」という職人肌で行われるロケの様子もわかりました。遠州ツーリングを無事に終え、案外知らなかったTVロケの様子が身近なものとして捉えられるようになりました。

（2008年1月18日（金）～20日（日）訪問）

（追記）NHK-BS「熱中時間」の「廃村めぐり熱中人」ドキュメントは、BSハイビジョンでは2月1日（金）、BS2では2月3日（日）に放映されました。

境内のトイレや物置は、分校の頃からのものとわかる

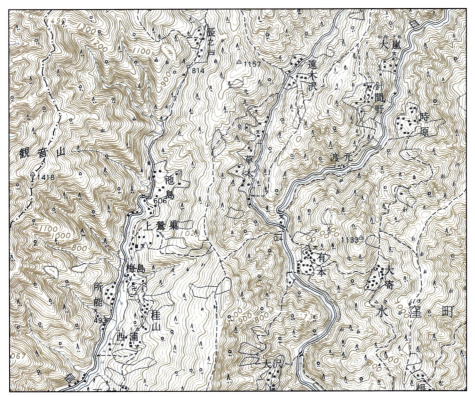

有本
大嵐

5万分の1地形図
満島
1968年
国土地理院

有本は水窪町中心部から12km、大嵐は15km、ともに白倉川渓流に沿った丘陵面に所在し、標高は690m（有本）、710m（大嵐）である。

水窪町には飯田線大嵐駅があるが、2つの大嵐は車道で34kmも離れており、おそらく直接の関係はない。

白倉川沿いの車道から有本に向かう道は、V字形に切り返している。このV字形が標高差をカバーするためのものと気づいたのは、有本を訪ねてからずいぶん後のことだった。

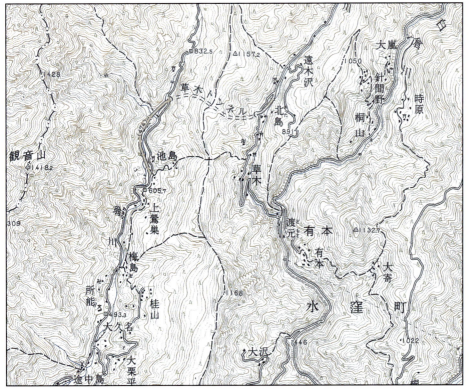

有本
大嵐

5万分の1地形図
満島
1995年
国土地理院

平成7年の地形図を見ると、有本、大嵐ともに文マークがなくなっている。両分校は休校中ではあったが、閉校はしておらず、表記は休校時期と連動しているらしい。

有本分校跡の校舎は、閉校（平成13年）の後、間もない頃に取り壊された。大嵐分校跡の校舎は、閉校（平成16年）から7年後に取り壊された。

筆者は両分校跡には「熱中時間」の番組ロケで訪ねたが、有本の更地が印象的にTVに登場したのに対し、大嵐の校舎は取り上げられなかった。

♯16 列島横断 廃校廃村をめぐる旅（1）

静岡県浜松市天竜区（旧静山村）新開、（旧水窪町）有本

廃村 新開の分校跡に建つ金原明善顕彰碑とヤエザクラです。

♯16-1

「学校跡を有する廃村」の旅も開始してから丸3年、まとめの時期になりました。当初の目標、47都道府県の「学校跡を有する廃村」リストの作成は煮詰めの段階に入って久しく、関東1都6県の「廃校廃村」17か所（当時）の全訪も成し遂げて久しくなりました。

「まとめに何をすればよいか」と考え、思いついたのは長野県の「廃校廃村」24か所（当時）をすべて訪ねることで、残りは9か所です（南信6か所、中信3か所）。旅の計画は、太平洋側 天竜川河口の静岡県磐田市から日本海側 姫川河口の新潟県糸魚川市まで、東経138度線近くを三度のツーリングで北上し、静岡県（再訪）2か所、長野県（再訪）4か所、新潟県5か所を含めて、計20か所の廃校廃村をめぐるというものになりました。

♯16-2

第一陣の目標は、「熱中時間」ロケでも訪ねた静岡県旧龍山村新開、旧水窪町有本、南信の最南部 天龍村長島 宇連、泰阜村栃城、川端、南信の中心都市 飯田市松川入、大平の7か所となりました。大平からは埼玉も大阪もほぼ同じ距離（約280km）なので、バイクは大阪・堺市の実家に預ける予定です。

旅の出発は平成20年4月27日（日）、前日に雨が降ったことため一日遅れで、天気は晴れ。ツーリングは何よりも天気が重要です。年休の取得は1日で、振休が1日。南浦和を朝8時25分に出発し、GWとは思えない快調なペースで首都高・東名を走ると、袋井ICには11時50分に到着していました。

袋井ICからは、遠州灘沿岸、天竜川河口に回り道をするということで、磐田市旧福田町の福田漁港（豊浜）を目指しました。

♯16-3

福田漁港では生シラスがあるお店を探したのですが、見つからなかったので、釜揚げシラスとコンビニおにぎりを買って、漁港を見下ろす公園で昼食休みとなりました。漁港ではバイクのキックレバーが折れるというアクシデントがありましたが、幸い近くにバイク店があり修理してもらえました。

豊浜からは福田海岸の砂丘を経由して、天竜川河口を目指しました。遠州灘の砂丘は中田島が有名ですが、福

福田漁港で見つけた釜揚げシラスの店

福田海岸から見た遠州灘（太平洋）

新開の出発時、宿のご主人が送り出してくれました。

田の砂丘も果てしない広さがあります。
　初めて訪ねた磐田市旧竜洋町の天竜川河口には、竜洋海洋公園という大きな公園が広がっていて、河口のそぐそばには大きな風車と小さな灯台（掛塚灯台）がありました。川の流れと海の波が混じり合う風景は独特のもので、「遠くに来た」という気分になりました。

16-4

　天竜川河口は、姫川河口までの列島横断ツーリングの出発点です。横風が強い天竜川左岸の道を北上すると、25kmで旧天竜市二俣に到着。R.152を走り、この日宿泊の旧龍山村新開「ペンションふるさと村」に到着したのは夕方5時15分。新開は天竜川河口から52km、道中、太平洋に最も近い廃校廃村です。
　瀬尻小学校高誉分校はへき地等級3級、児童数28名（S.34）、昭和36年閉校。最終年度（S.35）の児童数は34名。分校跡に立つ金原明善顕彰碑のそばには周囲の風景をぐっと明るくするヤエザクラが咲いていました。GW中ですが日曜日ということで、宿泊客は私ひとりです。ご主人（小川博義さん）と、営林集落跡のこと、春に龍山村から中学校が併合によりなくなったこと伺いながら、静かな夜は更けていきました。この日の走行距離は348kmでした。

16-5

　翌朝（4月28日（月））の起床は朝6時で、天気は快晴。すでに周囲は明るくなっており、朝食まで間があったので、小川さんに教えていただいた往時のかまどが残る住宅跡を訪ねました。場所は宿の上流側の防災倉庫の近くで、川の反対側の山中です。草が茂る坂を上ると、石垣のある平たい場所があり、その奥のほうにかまどを見つけることができました。小川さんによると、ここでは昭和30年頃に火事が起こり、その後そのままになったとのこと。
　防災倉庫の近辺には森林鉄道の線路が見られましたが、これも「新開に縁がある方が来ると喜ばれる」と、小川さんが掘り起こしたものとのこと。
　「ペンションふるさと村」出発は朝8時半頃。帰り道、植木鉢の様子を見ると、新緑の中、冬よりも活気があるように感じられました。

16-6

　続く目標は旧水窪町有本です。今回のツーリングの主目標は長野県の廃村廃校なので、旧水窪町は有本ひとつ

新開・集落跡には往時のかまどが残っていた

春の日差しの中、往時の植木鉢にも活気が感じられた

静岡県浜松市天竜区新開、有本

有本・公民館跡風の建物、箱の中には何が入っていたのだろうか

春の有本集落跡には、明るさが感じられた

に絞りました。「寒中ツーリング」と同じ道のりで水窪市街を通過し、有本に到着したのは朝9時40分頃。車道の行き止まりの集落跡入口にはイヌがいて、吠えられてがっかりです。

　イヌから離れる方向の道から坂を上がっていくと、ほどなく公民館跡風の建物のところまで来ました。周囲は枯れ草に覆われており、冬に訪ねたときとの印象の違いはありませんでしたが、写真を見比べると新緑が鮮やかです。空の木の箱の左横には「親と子が くらしを語る ゆうげどき」という色あせた看板があり、右横には赤いホース収納箱があります。改めて見ると、箱の中に入っていたのは公衆電話ではなく消火器だったかもしれません。

#16-7

　集落跡最上部にある有本分校跡にも、再び足を延ばしました。水窪小学校有本分校はへき地等級2級、児童数29名(S.34)、昭和46年休校(実質閉校)。最終年度(S.45)の児童数は13名。こちらも冬に訪ねたときとの印象の違いはなく、「本当だったかな」と思ってひねった敷地の真ん中の蛇口からは水が出ました。よく見ると、門柱跡の近くには新たにスギの苗木が植えられており、少しずつ分校跡の雰囲気は変わっていくのかもしれません。

　時間があったら東隣の廃村 大寄にも立ち寄りたかったのですが、公民館跡風の建物のそばからおそらく大寄へ向かう山道に入り、森に暗がりにかかる手前まで歩いて確かめてから引き返しました。戻るときに見た有本の廃村の風景は、冬は見なかった角度からのもので、新鮮な印象を受けました。

#16-8

　小1時間探索して車道の行き止まりに戻ると、またイヌの鳴き声のお出迎えです。イヌがいるということは、有本に関係する方が来ているということなのですが、先を急ぐこともあり、そそくさとその場を後にしました。

　新開、有本ともに「熱中時間」ロケで訪ねたときの雰囲気と比べて、ほとんど違いはありませんでした。つまり「廃村めぐりの雰囲気はそのまま伝わっていた」ということで、改めて「ロケはうまく行ったんだなあ…」と思いました。

　有本からは水窪市街には戻らず草木に抜けて、平成6年夏以来14年ぶりに長野県旧南信濃村に向かって兵越峠への道を走りました。

有本分校跡の平地にある蛇口をひねると、水が出てきた

（2008年4月27日（日）〜28日（月）訪問）

♯17 列島横断 廃校廃村をめぐる旅 (2)

長野県天龍村長島宇連、泰阜村栃城、川端

高度過疎集落 栃城の往時の雰囲気を色濃く残す分校跡校舎です。

♯17-1

　長野県・南信の最南部 天龍村には、ネット上での付き合いは1年ほどになる服部聡央さんという三遠南信の廃校めぐりを趣味とする方が住まれています。手紙でも、設楽町宇連分校の平成5年の写真、旧有本分校の昭和61年の写真、佐久間ダムに沈んだ村のレポートなどを送ってもらいました。

　列島横断の旅では服部さんの地元を通るので、「お会いできればいいな」と思い、計画を立てました。一緒にフィールドワークをすることも考えたのですが、4月28日（月）夕方にJR平岡駅舎併設の「ふれあいステーション龍泉閣」で食事をご一緒する線でまとまりました。

　宿泊は「龍泉閣」も考えたのですが、旅の行程などを考慮して、平岡から飯田寄りに4駅目の門島駅にほど近い民宿「門島館」を選びました。

♯17-2

　「峠の国盗り綱引き合戦」で有名になった兵越峠（標高1165m）に着いたのは午前10時40分。列島横断の旅のメイン 長野県に到着です。峠の前後は兵越林道というR.152の未通区間の代替路ですが、バイクで走っている分ではR.152との差はあまり感じられません。

　旧南信濃村八重河内でR.418、天龍村十方峡で天竜川沿いの県道1号線に入り、この日三つ目の目標 高度過疎集落 長島宇連（Nagashima-ure）には、和知野川キャンプ場近くから脇道に入り、急な坂を上っていきます。2km弱上ると人家が1軒あり、これを過ぎると道はダートになりました。「この先、ほんとに分校跡があるのか」と思うに違いない心細い道です。2km強のダートが舗装道に変わったあたりで、右手に開けた場所が見つかりました。

♯17-3

　開けた場所には、古い作業小屋と新しい石碑があり、石碑には「記念碑建立委員会 宇連分校之碑 平成十三年四月二十八日」と記されていました。

　平岡小学校宇連分校はへき地等級1級、児童数17名（S.34）、昭和55年閉校。最終年度（S.54）の児童数は1名。南伊那の分校の様子は、「谷の賦」（井原留吉著、谷の会刊）という写真・エッセイ集に詳しく、その中で宇連分校は「土捨場となった学校」と紹介されています。

　石碑はどうやら校舎・校庭が埋められて盛り土された

長島宇連への分岐には「全面通行止」の看板があった

宇連分校跡、作業小屋そばで見られた外付けトイレ

宇連分校跡には、真新しい記念碑が建っていました。

場所に立っている様子です。そのせいか、和知野川の谷を見下ろす風景は、山間にしては明るいものでした。碑の横の作業小屋には「平成13年から」と記された記名簿があったので、名前を記しておきました。

17-4

碑より少し進んだ場所には、教員住宅跡と思われる廃屋がありました。外付けのトイレと風呂は往時の雰囲気をよく残しています。

辺りの探索を終えたのは午後12時半頃。よい時間なので、石碑の横に座って「ふるさと村」で作ってもらった弁当を食べました。1時間ほどの探索の間、ひとり軽トラで地域の方らしき男性と出会いましたが、挨拶をしただけで会話はしませんでした。

現在長島宇連に住まれているのは、分校手前の1戸、分校よりも先の1戸、計2戸の様子です（分校跡の標高は570m）。古い地形図には、文マークのそばには大蛇（Daija）という集落が記されているのですが、分校跡の周囲に集落があったという雰囲気はほとんど感じられませんでした。

17-5

長島宇連の次、この日四つ目の目標は、天龍村の北隣泰阜村の高度過疎集落 栃城（Tochijiro）です。和知野川キャンプ場近くから県道1号線に戻り、泰阜村に入ってJR温田駅前を通り、目指した栃城は、温田駅の少し先から行止まりの道を13kmも入った場所にあります。

暗いトンネルを抜け、すれ違うクルマもほとんどない山中の道を延々走って、栃城にたどり着いたのは午後1時45分。道沿いのアマゴの養魚場の近くにバイクを停めて辺りを見渡すと、丘の上に分校の建物を見つけました。養魚場は稼働していますが人の気配なく、1軒の人家にも人影は見当たりません。

「栃城分校」を示す看板があったので道をたどったのですが、分校には沢から這い上がる感じで歩かなければたどり着けませんでした。

17-6

泰阜南小学校栃城分校はへき地等級4級、児童数7名（S.34）、昭和58年休校、平成19年閉校。最終年度（S.57）の児童数は1名。「谷の賦」では「山の学校の面影を残す学舎」と紹介されており、校舎が表紙を飾っています。

長島宇連・教員住宅跡では、タイル張りの外付け風呂が見られた

栃城・アマゴの養魚場に人の気配はなかった

#17　列島横断 廃校廃村をめぐる旅（2）

栃城分校跡の校舎入口には、標板が残っていた

校舎入り口の掲示板には、休校時の板書が残っていた

休校中ということで、本校や地域の方により手入れされている様子です。

「谷の賦」発刊から10年強経ち、休校が閉校に変わり、「どんな様子だろう」と思い見てみたところ、入口右側の「アマゴに乗った政善」という石膏像、「太郎と花子」という表札があるウサギ小屋が、往時の様子のままに残されていました。入口からガラス越しに教室を覗くと、ハンドベルが置かれた教卓、オルガン、政善君の机と椅子が残されていました。また、入口左側の掲示板には、「政善君と先生のさいごの勉強の日です」と書かれていました。

#17-7

栃城の標高は700m。「谷の賦」には戸数は大正9年には21戸とありますが、養蚕業の衰退、満州移民などで、昭和30年には6戸に減少していたようです。しかし、アマゴの養殖が根付いた栃城の雰囲気に、廃村という言葉は似合いません。集落に仕事があることの重要さがよくわかります。

分校を後にして、「誰かいないかな」と地域改善センター兼出張診療所、栩城神社のほうへ足を向けると、上手のアマゴの養魚場のところに若い男性がいたので「こんにちは」とご挨拶。お話しをすると、男性は分校最後の児童 政善君ということで、びっくりです。

「分校跡を訪ねてきました」と話すと、分校にいたのは小学3年生までとのことなので、計算すると政善君は三十代半ばになります。

#17-8

栃城に点在する家屋は5戸で、雪は歩くのに不自由しないぐらいしか降らないとのこと。また、出張診療所には医者が月に一度診察に来て、地域改善センターはそれにあわせて集会所として使われているとのこと。政善君にゆっくり丁寧に話してもらったひとときは、とても印象深いものでした。

栃城の次、この日最後（五つ目）の目標は、泰阜村の廃村 川端（Kawabata）です。栃城と川端を結ぶ山道（距離は6kmほど）は、廃道になって久しく、現在栃城から川端に行くには、温田駅近くの県道1号線分岐までに戻り、万古渓谷へ向かう道をたどって、22kmも走らなければな

真新しい栃城地域改善センター兼出張診療所の建物

深くて清らかな万古渓谷を橋の上から眺める

長野県天龍村長島宇連、泰阜村栃城、川端

川端（二軒屋）・雨戸が外されたガランドウの家屋

「昭和28年度 健康の家」のプレートが見られた

りません。
　カルシウム鉱山跡を過ぎて、下った万古川の渓谷はとても深く、橋を渡って少し先、川端集落跡が始まる廃屋より先の道はダートになっていました。

17-9
　川端到着は午後3時10分頃。標高は480mほどですが、険しい山間の谷底です。今の様子からは、戦前の最盛期には16戸の暮らしがあったとは思えません。
　泰阜南小学校川端分校はへき地等級3級、児童数17名（S.34）、昭和47年休校、平成2年閉校。最終年度（S.46）の児童数は1名。「谷の賦」では「民間の別荘となった学校跡」と紹介されています。分校跡はダートを少し走って右手の別荘が建つ場所です。探索では、往時の石垣が見つかりました。
　さらに進むと車道の終点があり、その先の渓谷沿いには二軒屋キャンプ場がありました。キャンプ場の少し先には、二軒屋の地名に由来する二軒の無人の家屋があり、うち一戸は雨戸が閉まり、管理されている様子でしたが、もう一戸は雨戸がすべて外されて、中はガランドウになっていました。

17-10
　二軒屋を含む川端を探索した1時間弱の間、人には誰にも出会いませんでした。もっとも吊り橋の踏み板は真新しく、手入れの感じからすると、夏は納涼で賑わうのかもしれません。吊り橋でひとり川景色を見ていると、日は山に隠れそうになっていました。
　川端からこの日の泊まりの民宿「門島館」までは8kmほどで、門島到着は午後4時半頃。「門島館」で迎えてくれたのは、すごく丁寧な宿主のおばあさん。宿泊客は私ひとりで、親戚のおばあさんのところを訪ねたような気分です。この日の走行距離は146km。時間があったので、風呂に入って一服です。
　「門島館」からJR門島駅までは歩いて5分。飯田線に乗るのは初めてです。夕方の豊橋行き1両編成の電車は、通学帰りの高校生で賑わっていました。

17-11
　JR平岡駅着は夕方6時40分頃。改札を出てしばらく待っていると服部さんも到着。「もしかするとだいぶ年配の方かも」とも思った服部さんは、私とほぼ同年代の方でした。服部さんは三遠南信の廃校について、たくさんの資料と写真を持ってきてくれました。どうもありがとうございます。
　服部さんによると、川端のガランドウの廃屋は昭和初期に建てられたもので、家屋をできるだけ長持ちさせるためにあの形になっているとのこと。
　しばし「ふれあいステーション龍泉閣」のレストランで歓談し、帰路の平岡駅発は夜9時39分（最終電車）。真新しい4両編成の天竜峡行き電車の乗客は私を含めて2人だけ。人の気配が門島駅前では電話ボックスを見て「なぜ田舎の公衆電話の明かりは緑色なんだろう」と思ったりしました。

（2008年4月28日（月）訪問）

（追記）　佐久間ダム（昭和31年竣工）の建設で生じた廃村　愛知県豊根村湯ノ島、旧富山村山中・佐太にも分校がありましたが、閉校時期が昭和34年3月以前のため、リストには入っていません。昭和34年を区切りとしているのは、「へき地学校名簿」のデータが昭和34年のものだからなのですが、「廃村（3）」の冊子の発行（平成21年）は50年目になるので、ちょうどよい区切りとなりました。

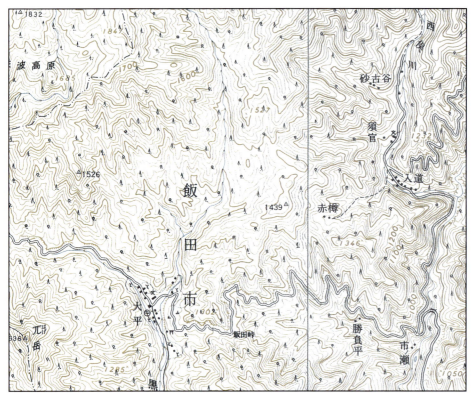

大平
松川入

5万分の1地形図
妻籠　1968年
飯田　1968年
国土地理院

大平は飯田市街から18km、松川入は14km、ともに深い山の中にあり、標高は大平が1150m、松川入が1050mである。

松川入分校の本校は大平で、松川入ー大平の距離は13kmもある。飯田市街で比較的近い丸山小学校からも13km。「なぜ大平小学校の分校だったのだろう」と考えると、少々興味深い。

ちなみに、大平小学校は、昭和42年から同45年（閉校時）まで、17km離れた丸山小学校の分校となっていた。

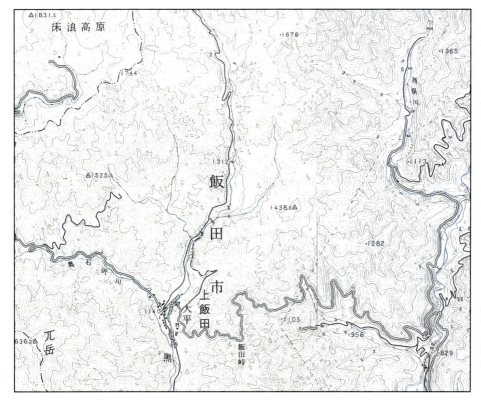

大平
松川入

5万分の1地形図
妻籠　2008年
飯田　2004年
国土地理院

平成中頃の地形図を見ると、大平が集落の体をなしているのに対し、松川入は何もない山の中のようになっている。

地形図の様子を見て筆者は「大平に行くのは簡単そうだが、松川入は難しそうだ」と思ったものだった。

平成30年になって、初めて大平を訪ねてから14年、初めて松川入を訪ねてから10年が経過した。久しぶりに大平、松川入が載った地形図と向き合うと、「そんな時代もあったね」と、とてもなつかしく思えた。

♯18 列島横断 廃校廃村をめぐる旅（3）

長野県飯田市松川入（まつかわいり）、大平（おおだいら）

廃村 大平の学校跡（公民館）前に建つ集団移住記念碑です。

♯18-1

京都精華大学での講義「日本の廃村の現状とこれから」の影響で、講義で学生に出された課題「廃村の活用例」について、考えるようになりました。「多くの廃村は、広さ、日当たりなど、山間でいちばん条件の良いところに作られていた」というのは経験的な私の持論で、廃村には、特に都会に暮らす方にとっては多くの楽しめるものがあると思うのですが、「活用されている」という雰囲気がある廃村は、全国的にも数えるほどしかありません。

廃村の活用例として、全国的に有名なのが飯田市大平（Oodaira）です。大平は木曽谷と伊那谷を結ぶ大平街道の真ん中の旅籠町（大平宿）として栄えましたが、昭和45年秋に全戸移住で廃村となりました。それから38年後の現在、大平は旅籠町の家屋が往時のままに残る、渋い観光地となっています。

♯18-2

大平からほど近い松川入（Matsukawairi）は、大平街道から林道を入った山間にある廃村（昭和41年春全戸移住）で、ネット上にほとんど情報がないことから「離村記念碑が見つかればよしとしよう」という気持ちで訪ねたのですが、松川入も意外な形で活用されていました。

旅3日目（4月29日、火祝）の起床は6時半。天気は快晴ですが、天竜川沿いの門島の朝は霜が下りる冷え込みです。「廃村探索は早めに済ませて、明るいうちの大阪到着を目指そう」と、朝食後すぐに「門島館」を出発し、幹線道路（R.151）を走ると、飯田市街には朝8時には到着していました。

松川入・大平には、SNSのmixiで知り合った信州大学の学生（佐合（さごう）さん）と赤い屋根のJR飯田駅で待ち合わせて、ふたりで訪ねました。

♯18-3

後を走る佐合さんのクルマと程よい距離を取りながら、松川沿いの大平街道を走っていくと、松川ダムを過ぎたあたりで「松川入大山祇神社（おおやまつみ）」という石柱が目に止まったので、まずここで小休止。石柱脇の山道を少し上ると、ダムを見下ろす斜面の上に、真新しい鳥居と拝殿がありました。

山深い集落跡からの移転なのかどうかは想像の域ですが、その規模の大きさから考えると、ダムに沈んだ小集落から移転したものではなさそうです。

「珍しく「熱中時間」風に、廃村を訪ねて最初に神様に

青空の下、赤い屋根のJR飯田駅

大平街道沿いで見つけた松川入大山祇神社

松川入にも集団移住記念碑が建っていました。

ご挨拶をした」と笑うと、佐合さんは「熱中時間、見れなかったんですよ」とのお返事。TV は Web に比べて情報量（動画・音声等）が多く、短時間でインパクトを与えることはできるけれども、浸透しにくいメディアのようです。

#18-4

大平街道から林道に入って 3km ほど行くと、「松川入財産区入道事務所」という看板が立つ古びた家屋があり、入口の脇には黒色の公衆電話が置かれていました。「災害・自己等の緊急時に連絡を取るため」とのことですが、廃村に公衆電話が置かれていることはめったにありません。貼られていた新聞によると、「事務所には昭和 30 年頃のもので、昭和 57 年頃まで管理人がおり、森林整備などの現場作業員が出入りしていたとのこと。

松川入の標高は 1050m。日差しは明るく、吹く風は爽やかです。事務所跡のそばを探索すると、渓流（松川）にかかる吊り橋と、川に注ぐ滝があり、事務所のそばにはサクラが咲いていました。昭和 41 年に集団移住した廃村としては、意外なほど手入れがなされています。

#18-5

事務所を後にして林道を進むと、橋のたもとには鯉のぼりが上がっていて、「供養碑」という石碑も見られました。「離村記念碑はどこにあるのかな」と、さらに林道を進むと、道が広くなったところの正面にいくつかの石碑が並んでいました。これは、見落としようがないほどの目立ち方です。

いちばん大きなものが「松川入部落 集団移住之碑」で、その右横に「この地に松川入分校あり」という閉校記念碑がありました。大平小学校松川入分校はへき地等級 1 級、児童数 31 名（S.34）、昭和 41 年閉校。分校はこの近辺にあった様子ですが、往時の雰囲気は残されていませんでした。

石碑の横には水汲み場があり、そばにはサクラが咲いていました。「山の水はよい土産になる」と、私と佐合さんは、ペットボトルで水を汲みました。

#18-6

石碑近辺を探索しているうちに、軽トラに乗った地域の方が来られたので、ご挨拶。「よく手入れがされていま

「松川入財産区 入道事務所」には公衆電話が置かれていた

「御影工高山岳部 遭難之地」の碑の回りには、花が植えられていた

長野県飯田市松川入、大平

大平では、かつての旅籠が宿泊施設として使われている

大平・諏訪神社の拝殿は開け放たれていた

すね」と話すと、おじさんは「林道をもう少し進んだら、遭難の碑があるから、見てくればよい」とのこと。この時点で「遭難」とは何のことか二人とも知らなかったのですが、「行ってみましょう」と先に進むと、作業小屋とトイレが建てられた広場があり、遭難の碑と慰霊の鐘がありました。

碑には「昭和44年8月、神戸市立御影工業高校山岳部の教師・生徒7名が避難小屋で就寝中に鉄砲水で流された」とあり、サクラや鯉のぼりは慰霊で訪ねられる方のために整備されていることがわかりました。サクラや整備された花壇がある広場では、大きな鯉のぼりが泳いでいました。

#18-7

この広場は飯田市在住の丸山春雄さんという方がボランティアで整備されているとのこと。私と佐合さんしかいない整備された広場の居心地はすこぶる良く、ここで予定より少し早い昼食となりました。廃村 松川入がこのような形で活用されているとは、思いがけないことでした。

帰り道、松川を渡る橋では、昔流された橋の残骸を見にいきました。相次ぐ集中豪雨による被害も、離村の一因となったとのことです。

飯田峠を越えて、標高1150mの大平に到着したのは予定よりだいぶ遅い昼12時頃。大平にはちらほらと観光の方の姿があり、土産物屋(橋本屋)、五平餅の店は開いていましたが、前回泊まった民宿「丸三荘」は閉まっていました。「集団移住記念碑」のそばにバイクとクルマを停めて、探索の始まりです。

#18-8

まず立ち寄ったのは、碑の後ろ側にある小学校跡です。

大平小学校(のち丸山小学校大平分校)はへき地等級1級、児童数36名(S.34)、昭和45年閉校。最終年度(S.45)の児童数は9名。前回訪ねたときは赤かった校舎跡の屋根は、さびが目立っていました。

次は往時の家屋が10数戸残る集落跡。石詰み屋根の「紙屋」には、地域の方が集われていました。江戸期に建てられた「大蔵屋」は鍵が開いていたので、しばし板間に座って休憩。傾斜が緩く、軒先が深い建物は「本棟造り」というとのこと。サクラの花は、標高が高いせいか見当たりません。

集落跡の家並が途絶えた先の神社(諏訪神社)にも足を運びました。長い階段を上って着いた拝殿は、なぜか開け放たれていました。

#18-9

最後に「橋本屋」に立ち寄って、コーヒーを飲んで小休止。佐合さんは、妻籠・馬籠のような観光地をイメージしていたそうですが、訪ねてみると落ち着いた佇まいがあり、満足されたとのこと。私もあちこちの廃村を見てきましたが、これだけ多くの家屋が往時のままに残されている例はほとんどなく、改めてその価値を感じました。店のおばさんによると、「昭和に入ってからの大平は旅籠の仕事はなく、畑と山仕事で生計を立てていた」とのこと。

大平を出発したのは午後1時半頃。大平峠を越えて妻籠に入り、R.19の三差路で佐合さんと分かれ、中津川ICから中央道・名古屋高速・名阪道経由で、松原ICを目指しました。大阪・堺の実家着は夕方5時55分。この日の走行距離は350km。渋滞にかからなかったため、明るいうちに大阪へ到着できました。

(2008年4月29日(火祝)訪問)

#19 列島横断 廃校廃村をめぐる旅（4）

長野県大鹿村桃の平、北川
（おおしか ももものだいら きたがわ）

廃村 北川に残る往時のかまどです。

#19-1

「列島横断 廃校廃村をめぐる旅」、第二陣の目標は、長野県飯田市から塩尻市までの間の廃村、大鹿村桃の平（Momonodaira）・北川（Kitagawa）、箕輪町長岡新田、旧楢川村桑崎の4か所です。大阪から復路のバイクを走らせて、信州の廃村経由で埼玉に戻る行程です。途中、昨年5月に訪ねてなじみがある、旧高遠町荊口の「御宿分校館」に宿泊し、ここで埼玉発のkeikoと合流するという予定を立てました。

時期は5月下旬を考えていたのですが、今年の関東地方の5月は雨が多く、決断ができませんでした。しかし、梅雨に入ってのツーリングは何かとよくないので、「おそらく大丈夫だろう」と判断し、6月上旬に実行することになりました。宿泊予定は、高遠と中山道の奈良井宿（2泊3日）です。

#19-2

旅の出発は平成20年6月1日（日）、天気は晴。年休の取得は2日です。大阪・堺を朝7時30分に出発し、名阪道を走って三重県の御在所SAでひと息。御在所SAの前後にある新名神道、伊勢湾岸道は、開通してそれほど経たない高速道で、第一陣で大阪に向かう途中にその存在を知りました。よい機会なので、御在所SAからは伊勢湾岸道・愛知環状道を走り、土岐JCTから中央道に入って飯田ICまで走る経路を取りました。

高速道でも新たに走る区間は楽しいもので、気分は上々です。特に伊勢湾岸道は、東名道と名阪道を結ぶにはよいショートカットとなりそうです。飯田市街到着はちょうど12時頃。往路の行程との接点を意識して、赤い屋根のJR飯田駅に行き、駅前のベンチでくつろぎながらの昼食となりました。

#19-3

飯田は大阪－埼玉間のほぼ中間点（大阪から約290km、埼玉から約270km）ですが、待ち合わせの高遠は60kmほど埼玉寄りです。私は廃村2か所を経由していくので、だいぶハンデがあります。keikoから「11時頃に浦和を出発しました」とメールが来たので、「のんびりと来てください」と返事をしました。

飯田から目指す2つの廃村がある大鹿村までは約50分（32km）。大鹿村の人口は1,273名（H.20）。ツーリング

GW以来、およそ1か月ぶりにJR飯田駅を訪ねる

桃の平・砂防ダム周辺にかつて青木分校があった

桃の平（上の平）では、2戸の廃屋を見つけました。

マップには「信号機、ゴルフ場、スキー場のない村」と記されています。のんびりした空気が心地よい地蔵峠方面のR.152を走り、最初の目標 桃の平（標高880m）に到着したのは午後1時30分。

2戸の人気がある家があり、50代ぐらいの女性（Mさん）と出会ったのでご挨拶をしてお話をすると、別宅として使われているとのこと。

19-4

分校についても尋ねてみたところ、「すぐ先の砂防ダム脇の、川を隔てた場所にあった」とのこと。Mさんが別宅を構えられて間もない頃、校舎と吊橋が取り壊されたとのことで、一緒に訪ねてみると、その痕跡はわずかな敷地と石垣が見られる程度しかありませんでした。

大河原小学校青木分校はへき地等級1級、児童数29名（S.34）、昭和36年閉校。「谷の賦」（井原留吉著、谷の会刊）では「石積みの残骸に、その面影を残す学校」と紹介されています。Mさんも「谷の賦」のことをご存知で、「井原先生夫妻は、1週間前に訪ねてこられた」とのこと。

また、往時の桃の平は、川沿い（下の平）と山の中（上の平）に分かれていたのですが、上の平は今は無人で、今は川沿いからの道はないそうです。

19-5

上の平には、来た道を上青木まで戻り、林道に入るというルートで訪ねました。上の平の探索では、途中滝のほうに行く道を選んでしまい、ずいぶん時間をロスしましたが、ダートが走る林の中に神社と2戸の廃屋を見つけ出すことができました。

大鹿村役場前に戻ったのは午後3時40分。山間の村の日暮れは早く、6月にしてもう夕方の雰囲気で、雲が多くなってきました。やや急ぎ気味で走る分杭峠方面のR.152は、平成6年夏にも走ったことがあります。途中女高（おなたか）という過疎集落の道沿いに残るタバコ屋の廃屋は、14年前に走ったとき「こんなところにタバコ屋があったんだ」と印象深く、「その後どうなっているかな」と思いましたが、以前とほとんど変わらない雰囲気で残っていました。

19-6

2つ目の目標 北川（標高1100m）は、女高から4kmほど分杭峠の方向に進んだ廃村で、14年前に走ったときは、道の所々に「大鹿村北川」という看板が見られるのに、

女高・タイル張りが印象的なタバコ屋の廃屋

14年前（平成6年）のタバコ屋の廃屋

#19　列島横断 廃校廃村をめぐる旅（4）

北川・小さな庚申塔を含む4つの石碑

14年前（平成6年）の小さな庚申塔を含む4つの石碑

集落が見当たらないことを不思議に思ったものでした。

古い地形図を見ると、北川集落は道沿いに1km以上分散していた様子です。神社がある休憩所があったので、ここにバイクを停めてしばしの探索となりました。神社がある敷地の中には、井上先生頌徳碑、大きな石像（北川念力不動明王）がそろっており、お酒に囲まれた不動明王は、厳めしいながらも和やかな表情をしていました。碑の説明文には「北川郷友会」という名前があり、北川ゆかりの方々が手入れをされていることが推測されます。

#19-7

鹿塩小学校北川分校はへき地等級2級、児童数29名（S.34）、昭和37年閉校。「谷の賦」では「土石流に埋まり、消えた学校」と紹介されています。土石流は「伊那谷三六水害」で生じたもので、明治期にできた北川集落はこの水害を機に昭和38年に廃村となりました。北川の分校跡は、古い地形図には記されていないのですが、後に天龍村の服部さんに連絡して尋ねたところ、神社よりも少し手前にあって、今は河川敷となって何も残っていないとのこと。

すぐそばにある中央構造線北川露頭（地層がむき出しになっている場所）は14年前にも立ち寄ったのですが、露頭に着く手前に石垣や家屋の敷地跡が目に入ったので探索すると、かまどの跡を見出すことができました。その先の路傍には小さな庚申塔を含む4つの石碑が並んでいました。

#19-8

この庚申塔は14年前にも見かけて、バイクを入れた写真を撮っているのですが、いま庚申塔が建つ場所は通過するバイクが走る雰囲気はありません。移設されたのか、私の思い違いなのか、その真相は謎のままです。

1時間ほどの北川集落跡の探索を終え、分杭峠を越えると宿は遠くではありません。荊口の「御宿分校館」到着は夕方5時40分、駐車場にはkeikoのバイク（SL 230）が停まっていました。keikoが到着したのは5時過ぎ頃、道中では「笹子トンネルが長くてでこぼこしていてこわかった」とのこと。

この日の走行距離は380km、ソロツーリングの後の旅先の宿で妻と二人で過ごす夜は、新鮮な味わいがありました。

（2008年6月1日（日）訪問）

お酒に囲まれた北川念力不動明王

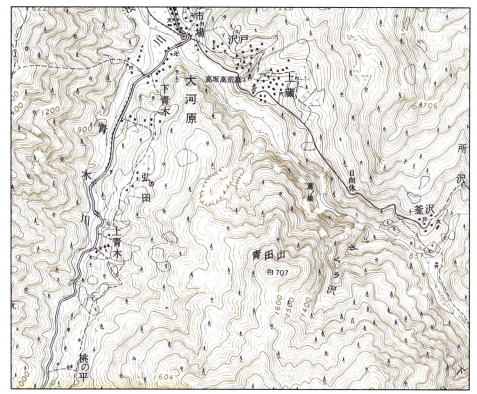

桃の平

5万分の1地形図
大河原
1969年
国土地理院

　桃の平は大鹿村役場から8km、中央構造線沿いの山の中にある。分校（下の平）は青木川沿い（標高880m）にあったが、主集落（上の平）は標高960mの山の中腹にあった。分校には北側の上青木、南側の深ヶ沢からの児童が通っていた。
　本来は静かな大鹿村だが、今はリニア中央新幹線の長大トンネルの工事で多くのダンプカーが走っているという。計画では地形図の上青木付近で、トンネルが東西方向に貫通する。

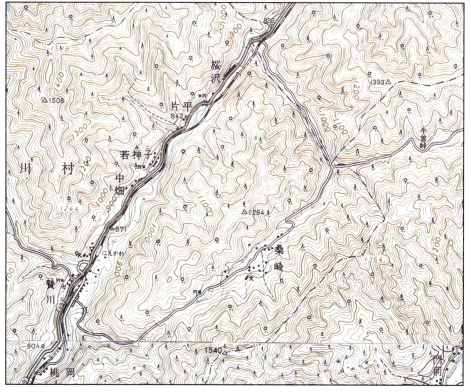

桑崎

5万分の1地形図
塩尻　1968年
伊那　1968年
国土地理院

　桑崎は、贄川（本校所在地）から8km、奈良井川上流域、標高1090mの山の中にある。旧楢川村は木曽路の北側入口に当たるが、奈良井川は木曽川とは逆方向に流れ、千曲川、信濃川となって日本海に注ぐ。
　地形図では、桑崎ー贄川間に峰越しの車道が記されているが、今も昔のこの区間には山道しかない。フィールドワークにおいて地形図はとても役に立つツールだが、ときどき嘘をつくので注意を要する。

♯20 列島横断 廃校廃村をめぐる旅（5）

長野県箕輪町長岡新田、塩尻市（旧楢川村）桑崎

廃村 桑崎に残る分校跡の校舎です。

♯20-1

「列島横断 廃校廃村をめぐる旅」の第二陣、2日目の宿、奈良井宿の民宿には、前日夜に予約の電話を入れました。荊口から奈良井までは途中2か所、信州唯一のダム関係の廃校廃村 箕輪町長岡新田（Nagaokashinden）、木曽唯一の廃校廃村 旧楢川村桑崎（Kuwasaki）を経由しても70kmほどです。

旅2日目（6月2日（月））の起床は朝5時頃。天気は曇り。早朝の廃村へ行く元気があったので、荊口から4kmほどの芝平に向かいました。

一度分校跡がある大下まで行って、南に戻る道を右手に上がって行った山の中腹が今回の目標、初めて立ち寄る下芝平です。荒れた舗装道を走り、三差路の左手にある「大島屋」という企業の保養所風の建物の近くにバイクを停めて探索開始です。

♯20-2

三差路の手前には伊那では定番の庚申塔と並んで道祖神、二十三夜塔があり、大島屋の対面には、古びた廃屋があります。あたりは時折鳥の鳴き声が聞こえるぐらいの静寂さです。三差路の右手の道を上っていくと、そばにグラスが置かれた流水があり、脇には分校の児童用風の椅子がありました。

三差路の左手の道を下っていくと、「わらび荘」という標札がある古びた家屋が見当たりました。覗いてみると、別荘跡のようでした。

下芝平で見かけた家屋は、廃屋を含めて20戸ほど。クルマが停まっている家屋もあるのですが、どこか普通の過疎の村と違うのは、集団移転で無住化した歴史が醸し出すものなのでしょうか。下芝平では小1時間探索しましたが、地域の方の姿は見かけませんでした。

♯20-3

「御宿 分校館」に戻って朝食をとり、「天気はどうかな」とTVを見ると、信州の降水確率は90%で午後のほうが悪くなるとのこと。しかも「関東・甲信越地方は梅雨入り」という、とても嫌な知らせが続きました。昨夜の時点では、思いもしなかった展開です。

「これはまずい…」と、keikoと作戦会議をした結果、宿は早めに出発して、長岡新田と桑崎には足を運んで、奈良井泊はキャンセルして桑崎からまっすぐ塩尻に向か

下芝平・路傍には庚申塔、道祖神、二十三夜塔が並んでいた

古びた家屋には「わらび荘」という標札があった

桑崎分校跡近くでは、サイロが見られました。

い、夜は埼玉まで帰ってしまおうとなりました。1泊2日はこのツーリングのイメージではなく、頭の切り替えがたいへんです。

奈良井宿の民宿の方には悪いことをしてしまいました。いつか改めて泊まりに行くので、許してくださいまし。

#20-4

昨年に引き続き宿主さん（東さん）に記念写真を撮ってもらい、分校館を出発したのは朝8時45分。高遠市街を通過して、伊那市街には立ち寄らず、最短距離で長岡新田を目指しました。長岡新田は、箕輪ダム（平成4年竣工、堤高72m、貯水量950万立方m）に沈んだ廃村で、往時の痕跡は期待できません。

手前の集落 長岡から箕輪ダムまでは4km、あたりは公園として整備されている様子です。長岡新田、箕輪ダム（標高850m）に到着したのは9時40分、広い駐車場には人影はありません。もみじ湖というダム湖の名前からすると、紅葉の頃は賑わうのかもしれません。

箕輪東小学校長岡新田分校はへき地等級無級、児童数22名（S.34）、昭和40年閉校。分校はダム湖の中、川の合流点近くにあった様子です。

#20-5

「ダム湖畔を走ったら、離村記念碑があるかな」と思い、少し先に進むと、巨大な庚申塔が目に入りました。バイクを停めて右隣の由来碑を見ると、「庚申塔は昭和55年に作られたもので、平成3年、ダム建設に伴い移転した」との旨が記されていました。

箕輪ダムの建設着手は昭和49年、長岡新田の方々は、後世に村があったことを伝えることを意識して、巨大な庚申塔を作られたに違いありません。

碑の対面（山側）には、小さな神社が奉られていたのでご挨拶。階段を上ってダム湖を見下ろすと、見晴らしのよい綺麗な風景が広がっていました。25分ほどの箕輪ダムでの探索では、誰にも出会いませんでしたが、印象深い庚申塔に出会えて満足できました。

長岡新田・ダム湖畔に巨大な庚申塔が建っていた

巨大庚申塔そばの高台から見下ろしたもみじ湖

#20 列島横断 廃校廃村をめぐる旅（5）

県道から桑崎に向かう林道はダートだった

分校跡校舎の手前には、焚き火の跡があった

#20-6

続く目標は旧楢川村桑崎です。1月の「熱中時間」ロケのとき、「行くことになるかも」と詳しく調べ物をしていたので、楽しみもひとしおです。箕輪ダムから桑崎は、辰野を通って牛首峠を越える道で約27km。県道から分岐する桑崎林道はダートでしたが、バイクにはちょうどよいぐらいでした。

桑崎（標高1090m）に到着したのは午前11時。左手に人気がある作業小屋があったので、その近くにバイクを停めて年配の男性（Kさん）にご挨拶。Kさんは桑崎出身の方で、山仕事をするため時折訪ねられるとのこと。分校跡についてお話を伺うと、「少し先に行けば見えてくる」とのこと。地図を見たらその距離は500mほどだったので、分校には二人で歩いて行くことになりました。

#20-7

道沿いには「民宿ふるはた」とペンキで書かれた廃屋がありましたが、「廃村に民宿があった」というのはピンと来ません。「太宰府天神天満宮」という札がある小さな祠や養蜂の作業小屋を目にしながら、ゆるい坂道をゆっくり歩くと、分校跡の赤い屋根が目に入りました。

林道から森へ入る感じで分校跡に近づくと、途中ブロック造りのサイロの廃墟がありました。森の中に牧場があったというのもピンとこない話です。

贄川小学校桑崎冬季分校はへき地等級2級、児童数16名（S.34）、昭和42年閉校。桑崎の閉村は翌43年。森に埋もれそうな校舎の前には焚き火の跡があり、野外活動の施設として活用されている様子です。窓越しに中を見ると、時々使われているらしい雰囲気がありました。

#20-8

来た道を戻って、Kさんに「行ってきました」とご挨拶。気になった民宿について尋ねると、桑崎出身の方が離村の後、仕事の定年後に公民館として使われていた建物を改造したもので、10数年前に閉ざされたとのこと。また、サイロは戦後の一時期に酪農が振興されたときのなごりとのこと。

作業小屋の前にはスギが植えられた畑の跡があり、Kさんの「スギは畑の持ち主が自主的に植えたんだ」というお話に、keikoは「行政の声によるものではなかったんやね」と感心した様子でした。廃村では「往時がタイムカプセルのように残されている」と思えることもありますが、その姿は確実に変化しています。今は森となっているサイロの周囲も、使われていた頃は草原だったのかもしれません。

#20-9

Kさんにお礼をいって、桑崎を出発したのは12時過ぎ。県道から中山道（R.19）に出る三差路で、左に行けば奈良井宿、右に行けば塩尻・東京方面。右の道を選ぶことで、木曽にはわずかしか行けなかったのは少々残念です。昼食は塩尻市街、R.19とR.20の交差点近くのファミレスを選びました。

雨に降られないことを祈りつつも、諏訪湖では天竜川の水源（釜口水門）に寄ったり、湖岸の道を選んだりしてツーリングを楽しみました。

高速道は小淵沢ICから一宮御坂ICだけで済まし、柳沢峠越えのR.411で奥多摩、青梅を経由して、南浦和へ帰り着いたのは夜9時40分（走行距離は325km）。幸い雨には一度も降られないで走れましたが、日差しのない山深い道は肌寒く、茅野を過ぎたあたりから、二人ともずっとカッパを着ていました。

（2008年6月2日（月）訪問）

#21 列島横断 廃校廃村をめぐる旅（6）

長野県小谷村横川、戸土、
新潟県糸魚川市大久保、梶山、上沢

廃村 戸土の分校跡に建つ小さな記念碑です

#21-1

「列島横断 廃校廃村をめぐる旅」も大詰めの第三陣になりました。目標は長野県塩尻市から日本海に面する新潟県糸魚川市までの間の廃校廃村、小谷村横川・戸土、糸魚川市大久保・梶山・上沢・虫川・菅沼、旧青海町橋立の8か所です。その前後にも、いくつかの廃村を訪ねる（再訪を含む）予定です。

日程は、梅雨明けとお盆休みの間の8月上旬、「廃村（3）」の旅の始まり（平成17年8月）と同じく、keikoとのバイク2台のツーリング、3泊4日です（年休の取得は2日）。途中、戸土あたりで、第二陣（飯田市松川入・大平）でご一緒した信州大学の佐合さんと合流する予定を立てました。

並行して進めてきた全国の「廃校廃村・高度過疎集落」リスト作成も、7月中旬にひと通りの見直しが終わり、まとまる見当がつきました。

#21-2

旅の出発は平成20年8月2日（土）、天気は晴れ。泊まりの信州・大町の民宿「ポッポのお宿」は、冬の小樽以来4年半ぶりの「とほの宿」です。

南浦和出発は朝8時。keikoの希望もあり、高速は関越道所沢IC～本庄児玉ICのみで、R.462を通って群馬県上野村、ぶどう峠通行止のためR.299を通って十石峠、長野県旧八千穂村、麦草峠を経由して、諏訪湖に到着したのは午後3時40分。この日は廃村には立ち寄らない淡々とした走りです。

塩尻峠を越えて塩尻市街、R.19とR.20の交点（高出交差点）から先は第三陣の道になります。松本市街を避ける安曇広域農道は、ロードサイドショップがいっぱいです。大町市街を過ぎて、大町スキー場間近にある「ポッポのお宿」到着は夕方6時40分。この日の走行距離は327kmでした。

#21-3

旅2日目（8月3日（日））の起床は朝5時頃。霧の中、単独でバイクで出かけたのは旧美麻村高地、一連の旅の最初に訪ねた廃村です。

3年前、ガケ崩れで通行止になっていた高地に向かう県道は、補修がなされて、無理なく通れるようになっていました。高地分校跡到着は6時20分。バイクで来れてひとまず満足。3年前は綺麗に光っていた離村記念碑は、泥で汚れてくすんでいました。荒い気象の中、碑を守るのはたいへんなことです。

気さくな宿主さんの見送りを受けて「ポッポのお宿」出発は朝8時40分。途中 白馬村では、青空をバックにした北アルプスの稜線が綺麗でしたが、反対車線から30台を超えるバイクの大軍が二度、三度とすれ違って驚くことしきり。同じ車線で巻き込まれなかったのは幸いでした。

3年ぶりの高地には、バイクで訪ねることができた

戸土入口では『山菜類の採取お断り』の看板が見られました

21-4

小谷村に入ってすぐ、昨秋歩いて行った廃村 真木までの道の出発点 JR 南小谷駅は素通り。南小谷から先のR.148 はスノーシェッド（洞門）がたくさんで、雪の深い場所に来た実感が湧きます。一度新潟県に入って平岩駅で一服。ここから一度山に入り、横川（Yokokawa）という廃村を目指しました。

姫川を渡って長野県に戻り、2kmほど走ると大網という集落があります。この辺りには「塩の道 千国街道」という糸魚川から松本へ海産物を運ぶことで栄えた古道があり、大網には旅籠もあったとのこと。道沿いの大きな木造二階建ての校舎、旧北小谷小学校大網分校（へき地等級1級、児童数46名（S.34））は、平成5年まで存続しました。現在分校跡は、日本アウトワード・バウンド協会という団体が、冒険教育の拠点として活用しているとのことです。

21-5

大網を過ぎて 笹野から先の道には人気がまったくありません。林道から分かれた横川へ向かう道は、急な下りのダート。keiko に「待っているか」と問いかけると、「行かなきゃしょうがないでしょ」との返事。慎重にダートを1kmほど下ると、橋の手前に「塩の道」の道標が見つかりました。

道標には「横川集落跡 0.4km」と記されており、橋から集落跡までは歩いて行きました。荒れた山道を上り、一軒の作業小屋が建つあたりが横川の集落跡（標高550m）で、道標も立っていました。北小谷小学校横川冬季分校は、へき地等級3級、児童数6名（S.34）、昭和43年閉校。作業小屋の近くを探索すると、小さなお地蔵さんがいてホッとひと息。横川から先、鳥越峠を越えて戸土（Todo、標高550m）までは約4km。歩いてならば行くこともできそうです。

21-6

バイクで横川から戸土へ行くには、新潟県平岩、根知を経由しなければならず、約20kmあります。根知谷のシーサイドバレースキー場に食事処があったので、ここ

道標に『横川集落跡』の文字を見つける

横川集落跡には、一軒の家屋が建っていた

長野県小谷村横川、戸土、新潟県糸魚川市大久保、梶山、上沢

戸土分校跡碑の裏には「ふたりぼっちの分校」と刻まれていた

薙鎌打ち神事が行われる戸土・境の宮

で一休止。佐合さんの携帯に電話をすると、「近くにいます」とのことで、食事処で待ち合わせて一緒に昼食をとることになりました。

今回は佐合さんも二人連れ（山梨の中山さん）。戸土から先の廃村には4人組で出かけることになりました。手前の集落 別所から戸土までは約4km。途中にある大久保（Ookubo）集落跡は通過して、狭い舗装道を上っていくと、「山菜・栽培類の採取をおことわり致します 戸土部落」という看板が立った三差路に到着。右の砂利道をしばらく進んだところ、左手には大きな個人の頌徳碑が、右手には草に埋もれそうな分校跡の碑がありました。

21-7

北小谷小学校戸土分校は、へき地等級3級、児童数31名（S.34）、昭和46年休校、昭和49年閉校。小さな碑が立つのみの分校跡は、車道の終点の駐車スペースを兼ねている感じです。バイクとクルマを分校跡に停めて探索すると、2戸の家屋が見つかりましたが、地域の方の姿はありませんでした。

作業家屋のそばに「薙鎌の境の宮 参道入口」という道標があったので、山道を上っていくと、ほどなく宮社が視界に入りました。

薙鎌とは20cmほどの小さな鎌で、境の宮では信州 諏訪大社の御柱祭と連動して薙鎌打ちの神事が行われるとのこと。境内は根知谷を見下ろす高台にあり、この日は霞んでいて見えませんでしたが、「戸土は信州で唯一 海が見える集落」ということが実感できました。

21-8

戸土入口の三差路の左側の砂利道（押廻、中股方面）にも行ってみましたが、急な坂はバイクが下りるのがやっとで、佐合さんはクルマを置いて歩くことになりました。「無理はやめよう」となり、それほど進まない場所を探索すると、大きな往時からの建物を見つけることができました。

急坂の上り下り、keikoは「すごくこわかった」そうで、行止まりの戸土は「とどのつまり」として記憶に残ったとのこと。

大久保まで戻って、「しろ池の森」の看板がある三差路で小休止。上根知小学校大久保冬季分校はへき地等級2級、児童数12名（S.34）、昭和40年閉校。大久保でも地域の方には出会わずです。新しい家屋が建ち、昔ながらの雰囲気が薄い様子に、三差路の周囲を見回すだけとなりました。

21-9

次に目指したのは、梶山（Kajiyama）集落跡ではなく、梶山新湯 雨飾温泉でした。この日はとても暑く、メンバー

大久保・『しろ池の森』の看板がある三差路

#21　列島横断 廃校廃村をめぐる旅（6）

梶山・行止まりの場所には神社跡と2つの石碑があった

『大瀧用水紀念碑』には天保の年号があった

を考えても「廃村探索を続けるよりは温泉でのんびりするほうが得策」と思ったからです。雨飾温泉の宿は、温泉宿というよりも山荘という雰囲気。ほとんど相談なしで決めた温泉行きですが、温泉に入った後もオレンジジュースなどを飲みながら、温泉宿の休憩室の畳に座ってぼんやりするひとときは、みんな心地よい様子でした。

宿の方に梶山集落跡のことを訪ねると、「木戸橋を渡ったところから道を入ったところに、廃屋が残っている」と教えていただきました。また、根知谷では大久保・梶山・西山・蒲池（かまいけ）など6つの集落が無人となり、大学の研究者が廃村につながった理由を調査に来たこともあるとのこと。

#21-10

雨飾温泉を出てからは佐合さんのクルマが先導となり、梶山集落跡の探索も佐合さんが先導する形となりました。狭い舗装道には急坂もあり「大丈夫かなあ」と思いながらでしたが、舗装が終わる場所までクルマ、バイクとも到達することができました。

keiko、中山さんには駐車スペースで待ってもらい、その先の山道は佐合さんと私のふたりで歩きました。「どこに続いているのかな」と思うと、行止まりの場所には神社の跡と2つの石碑があり、「大瀧用水紀念碑」と刻まれた石碑には天保の年号がありました。上根知小学校梶山冬季分校はへき地等級2級、児童数16名（S.34）、昭和40年閉校。梶山でも地域の方には出会わず、分校跡がどこなのか見当がつきませんでした。

#21-11

木戸橋は予想よりも下手にあり、橋から道を入ってすぐの場所にあったトタンが打ちつけられた家屋が、雨飾温泉の方が教えてくれた廃屋の様子です。

最後に目指した上沢（Kamizawa）は、住宅地図では2戸記されていて、人気があることが推測されます。この日は人気がない「いかにも廃村」という場所ばかり回っていたこともあり、たどり着いた上沢に畑や植えられた花があり、集落の雰囲気を感じたとき、4人ともホッとし

梶山・車道近くのトタンが打ちつけられた家屋

上沢・集落の雰囲気を感じられるトタン架けの屋根の家屋

長野県小谷村横川、戸土、新潟県糸魚川市大久保、梶山、上沢

地域の方に教えていただいた上沢冬季分校跡の建物

糸魚川・ついに日本海にたどり着く

た様子でした。

　農作業をされている年配の女性（Kさん）がいたのですが、先導の佐合さんは私に声をかけてほしい様子です。少し緊張気味の私の挨拶に、Kさんはほがらかに応えてくれました。「分校跡を探しに来ました」と話すと、「少し下手の赤い屋根の建物が冬季分校の跡ですよ」と教えていただきました。

#21-12

　上根知小学校上沢冬季分校はへき地等級2級、児童数8名（S.34）、昭和40年閉校。学校跡の雰囲気は薄かったのですが、建物が残っているとは思わなかったので、喜んだことしきりです。おばさんに集落の様子を尋ねると「昨秋、最後の方が引っ越されて、通年過ごす方はいなくなった」とのこと。

　上沢を後にして、鄙びた酒屋の店先で缶ジュースで乾杯して、中山さんに廃村めぐりで印象に残ったことを尋ねると、「浅原さん、佐合さんが楽しそうに探索していたこと」とのお返事。佐合さん達のクルマと分かれたR.148の根知谷入口交差点から糸魚川市街はほど近く、6時半頃

には夕陽が落ちる日本海にたどり着くことができました。私は目標の太平洋からの列島横断達成に、keikoはバイクで初めての日本海に、満足できたひとときでした。

#21-13

　この日の走行距離は150km。延べ日数6泊7日で走った太平洋（静岡県磐田市 天竜川河口）から日本海（新潟県糸魚川市 姫川河口）までの全走行距離は636km（直線距離は270km、中間点は長野県大鹿村鹿塩あたり）。訪ねた廃校廃村は18か所。旅を振り返ると、日本列島がずいぶん大きく感じられます。

　もうひとつの目標、長野県の「廃校廃村・高度過疎集落」24か所（当時）全訪も、戸土を訪ねることで達成できました。

　泊まった糸魚川駅前の「かざま旅館」は、昔ながらの商人宿。この夜、糸魚川では「おまんた祭り」の花火大会があったのですが、旅の疲れからかふたりの動きは鈍く、花火は駅前通りからちらっと見るぐらいに留まりました。keikoとビールで乾杯をして食べた焼き肉は、とても美味でした。

（2008年8月3日（日）訪問）

（追記1）　旅出発2日前の7月31日（木）、TBS「徳光和夫の感動再会"逢いたい"」に「廃村で出会ったおばあさんに逢いたい」というテーマで出演しました。取り上げた廃村は、平成11年10月に出かけた秋田県旧鳥海町の袖川です。旅1日目、上野村の道の駅で昼食をとっていると、食堂の方から「今日はどこへ行くんですか」と声がかかり、照れることしきりでした。

（追記2）　各冬季分校の閉校年は、小谷村教育委員会、糸魚川市教育委員会の方に教えていただきました。

根知谷の鄙びた酒屋の店先で集合写真を撮る

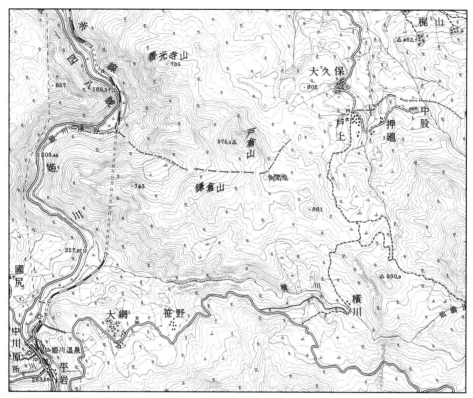

戸土
横川

5万分の1地形図
小滝
1961年
国土地理院

0　500　1000m

　横川は、北小谷（本校所在地）から15km、姫川支流横川沿いにある（標高550m）。これに対して根知川流域山麓にある戸土は、クルマだと糸魚川市根知経由27kmもの距離がある（標高550m）。地形図で「戸上」となっているのは、ご愛嬌と見てほしい。
　地勢的には新潟県という感じの戸土が長野県に属しているのは、昔は峰越えの山道（千国街道 塩の道）が日常的な交通手段だったからに他ならない。

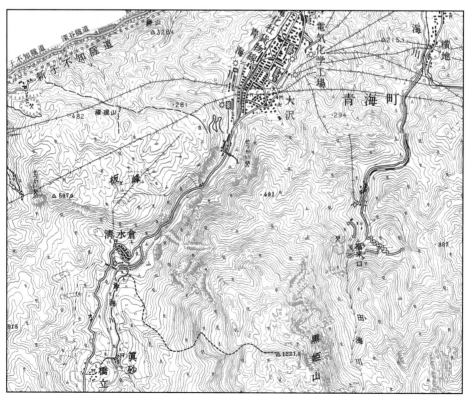

橋立

5万分の1地形図
糸魚川　1969年
小滝　1961年
国土地理院

0　500　1000m

　橋立は、旧青海町中心部から6km、標高170mの青海川上流部にある。青海川の渓谷はヒスイ峡として隠れた名所となっている。青海市街地は日本海沿岸であり、海と山の距離の近さは特筆ものだ。
　大字橋立は、清水倉、橋立、真砂の3つの小集落からなっている。どのようにカウントするかは意見が分かれるところだが、学校を単位にすると収まりがよい。「廃村千選」は、定着させたいところだ。

#22 列島横断 廃校廃村をめぐる旅（7）

新潟県糸魚川市虫川（むしかわ）、菅沼、（旧青海町）橋立

廃村 菅沼に建つ分校跡の小さな校舎です

#22-1

「列島横断 廃校廃村をめぐる旅」第三陣、2日目の夕方にゴールの新潟県糸魚川市にたどり着き、目標達成となりました。しかし、3泊4日の旅はあと2日続くということで、旅はまだまだこれからです。まずは糸魚川近辺の廃校廃村めぐり、頭を「列島横断の旅のアンコール」に切り替えました。

糸魚川市には姫川左岸（根知谷）のほか、右岸にも虫川・菅沼という廃校廃村があります。また、平成の大合併で糸魚川市となった旧青海町橋立も、それほど離れてはいません。夜の「かざま旅館」では、翌朝の虫川・菅沼・橋立行きと、翌日宿泊の津南町の農家民宿「もりあおがえる」行きの計画を立てました。

#22-2

旅3日目（8月4日（月））の起床は6時頃、残念ながら天気は雨。恒例の早朝出発はあっさり断念して、keikoと駅前の喫茶店でモーニング。keikoは「フォッサマグナミュージアムに行きたい」とのことなので、その時間を単独の廃村めぐりに充てることになりました。

幸い雨は上がり、曇り空のもと、カッパは着ずに朝9時10分に宿出発。宿に戻る予定を11時半としたので、与えられた時間はわずか2時間20分です。

ミュージアム前でkeikoを見送り、左岸から右岸へと姫川を渡り、虫川（Mushikawa）集落跡へ向かう道沿いに流れる川（川の名前も虫川）は、茶色に濁っていました。神社や数軒の家屋が見られる虫川到着は9時35分。古びた標柱に記されていた「虫川関所跡」は、塩の道が栄えていた頃の関所のようです。

#22-3

今井小学校虫川冬季分校は、へき地等級1級、児童数22名（S.34）、昭和43年閉校。あたりに人気はなく「どうしようか」と思ったところ、ほどなくもみじマークが付いた軽四輪がやってきたので、運転していたおじいさんにご挨拶し、冬季分校について尋ねました。

「分校跡は車道沿いにあったが、建物は最近取り壊された」とのお返事。また、虫川の家屋は通いで耕作される方の作業用とのこと。

虫川滞在は15分ほど。菅沼（Suganuma）に続く細い道の真ん中には「通行止」の表示。あせりながら表示を過ぎると、ほどなく工事現場に出くわしました。作業の最中でしたが、「オフロードバイクならば何とかなるかな」との声に、危機一髪通してもらいました。

#22-4

虫川から4km、菅沼でまず目に入ったのは不動滝入口と思われる立派な神社の鳥居です。大きな駐車場があり、管理小屋の前には自販機があります。何かと思ったら、そこは不動滝前のキャンプ場とのこと。

菅沼への道は、旅先で存在を知った道が二本（小滝の道と旧青海町横地（よこち）の道）もあり、横地へ向かう道は橋立行きの近道になるので大助かりです。

虫川・小滝・横地の道の三差路の近くにはなだらかなダートがあり、「集落跡はこの方向かな」とバイクを走らせると、ほどなく古くて大きな家屋が見つかり、無事に

虫川・数軒の家屋と『虫川関所跡』の標柱

菅沼分校跡に到着したとき、辺りは霧に包まれていた

菅沼集落跡に到着したようです。稲が育つ田んぼには霧がかかっており、人気のなさもあってちょっと幻想的でした。

22-5

今井小学校菅沼分校はへき地等級2級、児童数7名（S.34）、昭和49年閉校。バイクを停めて、古い地形図や地すべり防止区域の立看板の地図を見ながら「分校はこの辺りではないか」と歩いて、いかにも分校へ続くという雰囲気の坂を上ると、古びた小さな廃屋が見えてきました。

分校跡の建物が残っているというのも予想外で、頭がしゃんとなりました。外付けの階段を上り二階の様子をうかがうと、黒板や社会科教材の掲示物、「給食用 菅沼分校」と書かれた電熱器などが、往時のままに残っていました。

分校のまわりの田んぼにも稲が育っており、菅沼出身の方々がこの地を手入れし続けていることがよくわかりました。

22-6

菅沼の滞在時間30分ほどで、地域の方には出会いませんでした。しかし、たどり着くことでわかった風景に出会えて大満足です。

三差路から峠を越えて横地へ向かう道は、峠越えはあるのですが新しいだけあって走りは快適です。横地から青海市街地を過ぎて橋立（Hashidate）への道を進むと、貨物線が走る電気化学工業の大きな事業所が構えていて、稼働中の石灰鉱山がありました。青海は意外に鉱工業の町です。

橋立ヒスイ峡に向かう川沿いの道は観光の方向けな雰囲気ですが、クルマはわずかにダンプが通る程度です。石灰鉱山から3mほどで清水倉（橋立の北部地区）の家並みが見えてきましたが、人気はありません。清水倉では神社にご挨拶しただけで、学校跡を目指して先を急ぎました。

22-7

橋立小学校はへき地等級1級、児童数48名（S.34）、昭和50年閉校。学校跡は清水倉から1kmほど先にあり、周囲に家屋は見当たりません。佐合さんの「木造校舎が

『給食用 菅沼分校』と書かれた電熱器が残っていた

橋立・小学校跡の校舎は、夏草に埋もれていた

新潟県糸魚川市虫川、菅沼、橋立

センターラインが引かれた階段に風格を感じる

体育館には、新旧いろいろなものが雑然と置かれていた

残っていた」という情報や、住宅地図の様子から、何かの形で再利用された校舎が残っていることはわかっていました。しかし、たどり着いてみると、二階建ての校舎は草に埋もれていて、今も使われているという雰囲気ではありません。

学校跡記念碑の前から草をかき分けて校舎に入ると、建物はしっかりとしており、閉校後作業場として使われていた様子がわかりました。センターラインが引かれた階段は、本校の風格があります。棟続きの体育館には「今週のめあて」と書かれた黒板と「橋立林産組合」の貼り紙が見当たりました。

＃22-8

学校跡を探索した後は、真砂（橋立の南部地区）にも行ってみました。真砂でも数軒の家屋がありましたが、やはり人気はありません。真砂から少し山に入った場所には橋立金山跡があり、探索するといろいろなものが見つかりそうですが、バイクを停めることなく細い道を走るだけとなりました。

橋立での探索時間も全部で30分ほど。橋立から糸魚川市街は約17km。急ぎ足で帰路をたどると、かざま旅館には11時50分に到着。keikoが旅館の前のベンチで座って待っていたので、話をすると、「フォッサマグナミュージアムも見所が多くあわてて帰ってきた」とのこと。

お昼はたら汁定食を食べて、糸魚川出発は午後1時10分。幸い天気は持ち直し、直江津方面に向かう海辺の国道（R.8）の走りは、とても快適です。

＃22-9

上越市に入り、有間川（直江津の10km手前）からは山の道を選んで、上綱子、儀明という2か所の廃校廃村を訪ねて、高田市街からはひたすらR.405を走って、津南町を目指しました。R.405には「棚田ハイウェイ」という看板が立っていて、交通量の少なさと景色の良さは特筆ものです。

津南町に入り、R.405沿いの廃校廃村 樽田を2年ぶりに再訪してから、百ノ木「もりあおがえる」に到着したのは夕方6時頃。この日の走行距離は192km。

「もりあおがえる」泊はこの旅3回目で、keikoと一緒に泊まるのは初めて。農家民宿は野菜がとても美味しいのがよいところです。夜は宿主（中島さん）夫妻と一緒に4日前にオンエアされた「徳光和夫の逢いたい」のビデオを見ながら、和気あいあいと過ごしました。

（2008年8月4日（月）訪問）

直江津方面に向かう海辺の国道で休憩する

（追記）平成30年2月、冊子「廃村と過疎の風景（10）」編集の作業の中、糸魚川市の記述を見直しているとき、「蒲池」という廃村の読み方が気になり検索したところ、そこは蒲池小学校跡がある廃村（集落名は中上保）ということがわかりました。ネットの記事では、木造二階建の校舎が残っているとのこと。春になったら番外編として訪ねなければなりません。

#23 「学校跡を有する廃村」の旅、千秋楽

長野県栄村五宝木(ごほうき)、飯山市堂平、沓津(くっつ)

丸3年の旅の千秋楽、やっぱりここに戻ってきました。

#23-1

「学校跡を有する廃村」の旅の終わりに「もりあおがえる」を選んだのは、信州・秋山郷の五宝木（Gohougi）と飯山市堂平・沓津に足を運びたかったからです。

秋山郷は「豪雪で孤立した」との話を耳にすることはありますが、その中心地 屋敷(やしき)にある秋山小学校のへき地等級は5級（S.34）から3級（H.20）に変わっています。また、観光の施設があり、約40戸の戸数があると考えると、秘境度・へき地度は薄く感じます。しかし、「百聞は一見にしかず」です。

五宝木は、「長野県の廃校リスト」の吉川泰さんから「秋山郷の五宝木も廃村かもしれません」という連絡を受けて以来、ずっと気になっていました。住宅地図では8戸ほど記されており、廃村らしき雰囲気はないのですが、これも「百聞は一見にしかず」です。

#23-2

旅4日目（8月5日（火））の起床は5時頃、天気は晴時々曇。「秋山郷行きは早朝を逃すと難しい」と考えていたので、雨でなかったのは幸運です。

宿を出発して、霧が立ち込める谷間を走って下日出山、上日出山、前倉を過ぎて、まずバイクを降りたのは、R.405沿い 秋山郷の入口（まだ津南町）の大赤沢(おおあかさわ)です。大赤沢には存続する分校（中津小学校大赤沢分校）があり、どんな様子かと思ったのですが、そこには新しいRC造の校舎がありました。

長野県栄村に入って、秋山郷の中心集落 屋敷でも学校に注目したところ、川の流れのそばには大赤沢より大きな新しいRC造の校舎がありました。

秋山郷の秘境度が薄いことは実感できましたが、道中見かけた秋山郷の案内地図には五宝木が記されておらず、五宝木への興味は高まりました。

#23-3

屋敷を折り返し点にして、栄村中心部へ向かう県道を進み、新しいトンネル（五宝木トンネル）を越えると、五宝木の畑や家屋が見えてきました。朝陽が出て間もない五宝木には人の気配はありませんでしたが、軽四輪が停まった家屋があり、いわゆる廃村の雰囲気ではありません。

「分校跡はどこかな」と思い、バイクのスピードを落と

秋山郷の案内図に五宝木は記されていない

秋山郷（屋敷）に、秘境らしくないRC造の校舎が建つ

五宝木・開拓記念碑には「昭和21年4月入植」と刻まれていました。

し道沿いを観察すると、集落の中心あたりに学び舎の跡の碑と開拓記念碑を見つけました。

秋山小学校五宝木分校は、へき地等級5級、児童数22名（S.34）、昭和51年休校、昭和52年閉校。学び舎の跡の碑には「昭和21年、この地に14戸入植」、「五宝木分校 昭和31年開校」、「開校から閉校までの21年間で、若者30名が巣立つ」との旨が記されていました。

#23-4

後の調べで、五宝木に住まれる方々は栄村中心部にも家を持ち、冬季間は中心部に移り住むことがわかりました。五宝木は冬季無住集落だったのです。

昭和の頃から関西の廃村を調べられている坂口慶治先生（京都教育大学）の論文では、冬季無住集落は廃村と同義に扱われているので、「廃村千選」でもこれにならった形をとっています。かくして五宝木は、25か所目の長野県の廃校廃村として、リスト入りすることになりました。

信濃毎日新聞（平成18年1月28日付）には、「五宝木の住民は、3年ほど前から全員11月末から翌年3月末までの4か月間、役場近くに住むようになった」という記事があります。この記事から、五宝木が冬季無住となったのは平成15年頃とうかがえます。

#23-5

五宝木の滞在時間は30分ほど。戻り道は極野から長瀬を経由して「もりあおがえる」に帰還。ひと動きした後の朝食は美味しいものです。

中島さん夫妻の見送りを受けて「もりあおがえる」を出発したのは朝9時半頃。目指すは「学校跡を有する廃村」の旅でいちばん深い縁となった飯山市沓津とその手前の堂平です。再び長野県に入り、千曲川に沿って飯山市街へ向かうR.117は、晴れてきたこともあり快適です。

平成17年8月、初めて訪ねた堂平では地域の方との出会いがあり、通年暮らされる方がいました。しかし、平成18年1月の豪雪で全戸避難し、過疎の進行も相まって同年8月自治区としての機能を停止、平成19年8月には閉村式と閉村記念碑の除幕が行われました。

五宝木・夏の朝7時台、集落は日影になっていた

「学び舎の跡」碑に、集落のつながりが感じられた

＃23 「学校跡を有する廃村」の旅、千秋楽

堂平・屋根だけ残して潰れた家屋と季節の花々

沓津・藁葺き屋根の家屋になじみを感じる

＃23-6

　分道を経由して堂平へ向かう道で、まず見出されるのは、赤い屋根の一軒家 堂平分校跡です。飯山小学校堂平分校は、へき地等級2級、児童数42名（S.34）。昭和57年閉校（S.50～S.57は冬季分校）。3年前には家の前にクルマが停まっていましたが、今回は人の気配は感じられませんでした。

　堂平に到着しkeikoと一緒に探索すると、3年前に話したおばあさんが住んでいたと思われる家は、屋根だけ残して潰れていました。

　「どこにあるのだろう」と気になっていた閉村記念碑は、火の見やぐらの対面に堂々と建っていました。1月の「熱中時間」ロケのときに見つからなかったのは、雪に埋もれていたからかもしれません。建ってからまだ1年の閉村記念碑は、私の姿が写りこむほど光っていました。

＃23-7

　堂平滞在は10分ほどで、地域の方には出会いませんでした。閉村から間もないという生々しさもあってか、堂平ではのんびりしようとはなりません。

　沓津を訪ねるのは実に9回目ですが、バイクで向かうのは3回目。keikoは3年ぶり2回目、廃村へ向かう悪路を走るのにもずいぶん慣れた様子です。振り返れば「学校跡を有する廃村」全33編の旅の記録のうち、keikoと一緒の旅は13編もありました。付き合いの良い妻に感謝です。

　堂平から2kmほどの沓津に到着したのは午前11時頃。集落中央の萱葺き屋根の家屋の辺りにバイクを停めて、近辺を探索すると、初めて見る明治時代の馬頭観音の碑が2つも見つかりました。これだけ通っていても新しい発見があるというのは、嬉しいことです。

堂平・平成19年8月に建ったばかりの閉村記念碑

沓津・9回目の訪問で新たに馬頭観音碑を見つける

長野県栄村五宝木、飯山市堂平、沓津

廃村 沓津に残る分校跡の校舎（昭和30年竣工）

初めて出会った地域の方と、記念写真を撮る

23-8

分校跡には、離村記念碑前のほうから訪ねました。秋津小学校沓津分校は、へき地等級2級、児童数17名（S.34）、昭和47年閉校（同時期に集落も閉村）。夏に訪ねたのは初めてのとき以来3年ぶりです。馴染みの分校跡の四季の画像は、冊子「廃村と過疎の風景（3）」の口絵でも使うことになりました。

兄弟関係の立石分校がある堀越には、今回は行かずです。立石分校を訪ねたのは計4回、私は寂しい風景よりものどかな風景が好きのようです。

こちらも馴染みの離村記念碑にも足を運びご挨拶をすると、碑の「沓津」という文字がぼやけて見えます。「はて」と思って近づいてみると、文字の彫りのところにクモの巣ができていました。この日訪ねた縁ということで、クモの巣は指で払っておきました。

23-9

萱葺き屋根の家屋前に戻ると、火の見やぐらの方向からラジオの音がかすかに流れてきました。「これは、ご挨拶をしておいたほうがよい」と思い、ふたりで坂を上り

廃村 沓津に建つ離村記念碑（昭和59年建立）

火の見やぐらを過ぎると、畑で年配の男性（千葉さん）が農作業をされていました。

飯山市街に住む千葉さんは通いで耕作をされていますが、お父さんが家屋付きの土地を沓津の方から購入してからの縁なので、神社の例祭には参加されないとのこと。離村後の沓津では、横浜の方が往時の家屋を別荘として買い取り、高級車で通っていたこともあったそうです。「時々知らない人が訪ねてくることがあるが、挨拶をする人はほとんどいない」とのことで、「あんたがたはしっかりしているよ」との言葉をちょうだいしました。

23-10

「一緒に写真を撮らせてください」とお願いすると、千葉さんは快く引き受けてくれました。見知らぬ土地での地域の方との出会いは、廃村めぐりの楽しみの大きな要素です。「廃村と過疎の風景（3）」では人物像は意識的に出さないでまとめてきましたが、最後は千葉さんと私の写真で飾りました。

千葉さんから3年前の夏にお会いした佐藤さんは「沓津愛郷会の中心人物で、名前はチョウさん」と教えていただいたので、いつかチョウさんに連絡を取って、GW頃に行われる神社の例祭には、冊子「廃村と過疎の風景（3）」を持って出かけたいと思います。

（2008年8月5日（火）訪問）

（追記）平成21年2月14日（土）、「廃村と過疎の風景（3）」の冊子完成にあわせてチョウさん（佐藤長治さん）と連絡をとり、同4月29日（土）の沓津神社の春の例祭（春まつり）には、keikoと2人で出かけました。

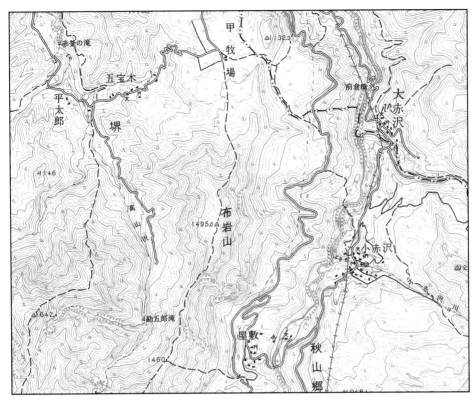

五宝木

5万分の1地形図
苗場山
1977年
国土地理院

　五宝木は、森宮野原（栄村役場所在地）から19km、標高880mの釜川上流域にある。秘境 秋山郷の一角だが、秋山郷は中津川流域となる。屋敷（本校所在地）からは11kmだが、地形図には鳥甲牧場南側の短絡路 五宝木トンネル（平成12年竣工）は記されていない。
　本校だった秋山小学校は、平成28年からは栄小学校秋山分校に変わった。このような形で秋山郷に分校が復活するとは、思いもよらなかった。

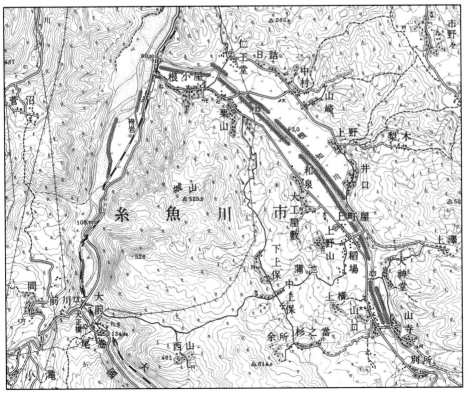

中上保

5万分の1地形図
小滝
1961年
国土地理院

　中上保は、糸魚川市街から17km、標高430mの根知谷の丘陵面にある。従来、平成大合併以前の糸魚川市内の廃校廃村は6か所。その内訳は、分校所在地1か所と冬季分校所在地5か所だった。
　中上保の学校（蒲池小学校）は本校で、校舎も残っている。「廃村千選」の制作が落ち着いたのは平成18年末のこと。それから11年目にしてまだホームラン級の発見があるというのは、恐ろしいことだが、楽しみなことでもある。

番外　10年後、新たに発見した廃校廃村を訪れる

新潟県糸魚川市上沢、中上保、菅沼

農山村の廃村 中上保、学校跡には校舎と門柱が残っていました。

#外-1

　平成30年2月、冊子「廃村と過疎の風景（10）」の編集作業の中、糸魚川市蒲池の読み方を調べているうちに、蒲池小学校所在地の中上保（Nakajouho）が廃校廃村の条件をクリアしていることがわかりました。まさか糸魚川市内の本校でそんなものがあるとは思いもよらずで、春の廃村探索では10年ぶりに糸魚川を訪ねて、これを「廃村10」の番外編にしようと思いつきました。

　当初はGW、雪解け直後に単独で出かける予定でしたが、いろいろな縁があって、金沢大学の林直樹さん（平成27年秋「秋田廃村フィールドワーク」をご一緒した農政学の先生）、糸魚川市内に実家がある大学研究員の西連地志穂さんとそのご主人雅樹さんの4名で訪ねることにな

りました。

#外-2

　待ち合わせはGW2日目（4/29（日））夕方7時10分頃、糸魚川駅前ホテルのロビー。懇親会はすぐ近くの赤提灯。雅樹さん、志穂さんはともに30代で、廃村探索は初めてとのこと。林さんは40代なので、世代はまちまちです。この日訪ねた柏崎市内の廃村のこと、明日訪ねる糸魚川の廃村のこと、使う予定のチェックシートのことなど、白身魚の刺身盛り合わせや糸魚川の地酒を交えて、1時間半ほどいろいろな話をしました。

　翌30日（月祝）、起床は早朝5時、天気は晴。糸魚川市街からは雪が積もった北アルプスの山々が近くに見えます。集合は朝6時30分、ホテルのロビー。交通手段は雅樹さん運転のクルマ。道中、JR根知駅ホームで上着なしでパンを食したときは少し肌寒かったけど、それはその時だけのことでした。

#外-3

　1番目の目標には、10年前にも訪ねた根知谷東側 渓流沿いの廃村 上沢（Kamizawa）を選びました。根知局 郵便区全図（S.58.4）の上沢は6戸。バイクとクルマの違いのせいか、手前の集落 大神堂から上沢へと続く上り坂は、10年前よりも険しく感じられます。

　集落跡には6戸ほどの家屋が建っていて、1台のクルマが停まっていました。上根知小学校上沢冬季分校はへき地等級2級、児童数8名（S.34）、大正4年開校、昭和40年閉校。ちょうどクルマが坂を下ってきたので、「分

根知駅ホームで、上着なしでパンを食する

上沢・冬季分校跡の建物の屋根を覆うトタンが痛み始めていた

菅沼では、分校に通われて方から集落の話をうかがいました。

校跡を訪ねてきました」とご挨拶をすると、「そこの集会所の二階が冬季分校として使われていた」と教えていただきました。建物の屋根は萱葺きでできており、10年前と比べると、屋根を覆うトタンが傷み始めていました。

外-4

上沢の離村時期は平成19年（地域の方の声と、複数年の住宅地図の比較に基づく）。屋根が大破した家屋や、骨組みになったガレキに混じって、比較的整った家屋も建っています。市街地近くに住まれる地域の方が、時折通っているのでしょう。ただ、田畑が耕されている感じはしませんでした。

雅樹さん、志穂さんと「神社って、集落の高台にあるんですよね」と話しながら坂を上がっていると、山の斜面にそれらしきものが見つかりました。地形図に載っていないもので、道筋探しには苦労しましたが、上りつくと整った社殿が迎えてくれました。

4人いることもあって、各廃村の探索予定時間は1時間取っています。林さんはドローンを飛ばして、上空からの集落の様子を観察していました。

外-5

2番目の目標には、メインイベント（未訪）である根知谷西側 山腹の廃村 中上保（Nakajouho）を選びました。

屋根が大破した家屋や、骨組みになったガレキが見当たった

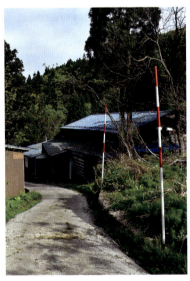

道沿いに立つ赤白ポールが、雪の深さを物語る

地形図に載っていない神社の社殿が迎えてくれた

新潟県糸魚川市上沢、中上保、菅沼

中上保・川沿いには地すべり対策の集排水施設が作られていた

ポツリと残る蒲池小学校跡の木造二階建て校舎

根知局 郵便区全図（S.58.4）の中上保は4戸。根知谷から曲がりくねった県道をクルマで上がり、まず十字路がある平地にクルマを停めて、探索を開始しました。

十字路の北西角には朽ちた家屋、南東側には整った家屋が見当たりましたが、人の気配は感じられません。十字路南側の田畑跡の見晴らしはよく、心地よく歩くことができます。ただ、地すべりが多発するらしく、川に沿って地すべり対策の集排水施設が作られていた。「地すべり対策って公共事業ですよね」と会話の中であがった声に応えて確認すると、標板には「発注者 新潟県糸魚川地域整備部」と記されていました。

外-6

蒲池小学校は、へき地等級1級、児童数55名（S.34）、明治15年開校、昭和48年閉校。十字路から500mほど県道を山側に進むと、左手に新しい建物が、右手に赤い屋根の古い建物が見当たり、右手の建物が学校跡の校舎であることはすぐにわかりました。

中上保の離村時期は平成13年頃（複数年の住宅地図の比較に基づく）。通学範囲と思われる中上保、下上保、西山、余所は、すべて廃村になっています。半世紀前にはこの山中に、本校があってしかりの賑わいがあったということなのでしょう。新しい建物の前にはクルマが停まっていたが、「ご挨拶しておけばよかったかな」と思ったのは、帰路の新幹線の車中のことでした。

外-7

二万五千地形図（越後大野、S.50）では、学校跡の150mほど山側の小山の上に鳥居マークが記されています。「神社はどんな様子か見てみましょう」と歩いていくと、県道の右手に頼りない階段が見つかり、上り詰めると「白山社」という扁額がついた壊れた鳥居が迎えてくれました。鳥居のそばには2つの用水記念碑と個人の顕彰碑が建っていて、探索するとガレキになった拝殿を見つけることができました。

林さんは見晴らしがよかったことさ、新しい建物があっ

頼りない階段の先に、神社（白山社）の跡地がある

神社の拝殿は、ガレキになっていた

番外　10年後、新たに発見した廃校廃村を訪ねる

菅沼・皇太子ご成婚記念のポプラの樹は、校舎よりも背が高い

神社跡手前の広場で、集合写真を撮る

たことから「中上保は明るい感じがする」という感想を述べられていました。私は、校舎が残されていたこと、神社が荒んでいたことから「中上保はどうなっているのだろう」と思いました。

#外-8

3番目（最後）の目標には、姫川の西側 虫川上流部の廃村 菅沼（Suganuma）を選びました。戸数は約10戸（S.30年頃、Sさんのお姉さんの声に基づく）。事前に志穂さんが参加する糸魚川の地域活動グループに菅沼出身の方がいて、「どんなところなのか興味がある」という声をうかがっていました。

まだ日影に雪が残る道を走り、たどり着いた菅沼には意外な数（5～6名）の地域の方の姿が見られました。意外な展開に「どうしようか」と、迷いが生じました。今井小学校菅沼分校はへき地等級2級、児童数7名（S.34）、大正4年開校、昭和49年閉校。辺りを見渡すと分校跡の校舎が視界に入ったので、足を運んで校舎の前で作業をされる方（Sさん、50代の女性）にご挨拶して話をすると、Sさんは志穂さんの知合いの方の妹さんでした。

菅沼の神社（七福神明宮）跡には、聖域の雰囲気があった

#外-9

Sさんの「生まれ育った故郷の校舎だから、できるだけこの姿で残したい」という言葉は、印象に残りました。大切にされているから、残っているんですね。「雪解けの後は、傷んだ箇所の修理などでとても忙しい」、「たくさんの人がいるのは、個々に何かしらの作業があるから」とのこと。ただ、集うのは生まれ育った世代の方々で、林さんは「集落のことを次世代にどのように伝えていくかは、難しいが重要な課題だ」と話されました。

10年前には訪ねなかった神社（七福神明宮）跡にも、Sさんの案内で足を運ぶことができました。「ご本尊は平成22年に元の社に戻した」とのことですが、鳥居や拝殿跡は手入れされており、聖域という空気を感じました。「ご本尊を戻した」ことを伺わなかったら、神社と思っていたことでしょう。

#外-10

探索の最後には、4名の集合写真、集落の方々を交えての記念写真を撮りました。「菅沼を訪ねてくれる方がいると、賑やかだった頃を思い出すことができてありがたい」というおばあさんの声は、訪問者としてもありがたかったです。後にSさんのお姉さんから「菅沼の離村時期は昭和50年頃」と教えていただきました。多くの実りを得た合同廃村探索は、R.148沿いの食事処で昼食休みをとった後、午後1時10分、糸魚川駅前で無事散会となりました。

10年前に菅沼を訪ねたとき171か所だった廃校廃村の累計訪問数は、今回の中上保で588か所になりました。あと10年後には、どこまで進めることができるでしょうか。これからも健康と事故がないことに留意して、発展的に継続させていきたいと思います。

（2018年4月30日（月祝）訪問）

廃校廃村を訪ねてII（甲信静愛）
リスト編

16 「廃村千選」～ 長野県

長野県小谷村の廃村 真木（Maki）に残る萱葺きの家屋です（平成 19 年 11 月）。

編者が確認した長野県の「学校跡を有する廃村・高度過疎集落」（学校の所在は昭和34年以降）は25か所（廃村22か所）です。

【県全体の概要】

長野県（信濃）は人口約210万人（H.27）。面積は約1万3562km² で全国第4位。内陸県で、北信、中信、東信、南信の4地方に大別されます。

◎1．廃村

廃校廃村25か所を地方別にみると、北信5か所、中信8か所、東信1か所、南信11か所です。

◎2 鉱山

須坂市に米子鉱山がありました（主要鉱物は硫黄、昭和35年閉山、分校は昭和33年閉校）。

◎3．へき地等級

栄村秋山郷にへき地5級地が5か所ありました（屋敷、小赤沢、和山、上野原、五宝木）。

◎4．ダム関係

長野県内最大規模のダムは松本市の奈川渡ダム（総貯水容量1億2300万立方m）です。

◎5 標高

長野県の最高峰は、北アルプス 奥穂高岳（松本市、岐阜県高山市）で、標高は3190mです。標高が高い廃校廃村として、大平（学校所在地1147m、全国第9位）、芝平（1109m、第10位）があります。

【各集落の概要】

○1．堂平

平成19年、前年の豪雪を契機に離村した農山村です（離村記念碑）。戸数は24戸（S.35）、17戸（S.47）、9戸（H.2）です（『飯山市誌』）。

○2．沓津

昭和46年～47年3月に11戸が集団移転した農山村で、昭和35年の戸数は26戸でした（『飯山市誌』）。

○3．堀越

昭和55年11月に5戸が集団移転した農山村で、昭和35年の戸数は11戸でした（『飯山市誌』）。

○4．北峠

昭和48年10月に7戸が集団移転した農山村で、昭和35年の戸数は13戸（S.35）でした（『飯山市誌』）。

○5．五宝木

平成15年頃に冬季無住化した戦後開拓集落です（「信濃毎日新聞」の記事）。「学び舎の碑」には「昭和21年、この地に14戸入植」とあります。

○6．高地

昭和49年に82戸が集団移転した農山村です（離村記念碑）。曲尾、保屋、若栗などの小集落からなり、戸数は97戸538名（明治後期、『角川地名大辞典』）で、昭和56年は7戸とあります（郵便区全図 美麻局）。

○7．真木

昭和47年12月に離村した農山村です（『小谷村誌』）。戸数は2戸（S.51、郵便区全図 南小谷局）、昭和53年、「真木協働学舎」が転入、暮らしが継続しています。

○8．横川

昭和46年頃に離村した農山村です（分校閉校3年後の経験則）。戸数は6戸33名（S.33、『小谷村誌』）、1戸（S.59、「郵便区全図 北小谷局」）です。

○9．戸土

昭和49年頃に離村（冬季無住化）した農山村です（分校閉校3年後の経験則）。戸土、押廻、中股の小集落からなり、戸数は24戸123名（S.33、『小谷村誌』）、2戸（S.59、「郵便区全図 北小谷局」、冬季無住）です。

長野県飯田市の廃村 大平（Oodaira）に残る旅籠だった建物です（平成20年4月）。

○10. 入山

平成8年頃に離村した炭鉱と係わりがあった農山村です（複数年の住宅地図の比較）。炭鉱（岩殿炭鉱）は、峠を挟んで南隣の集落（廃村）丸山にありました。炭鉱が稼働したのは、昭和20年代～30年代の短期間です。

○11. 伊切（いぎれ）

平成10年頃に離村した農山村です（複数年の住宅地図の比較、1戸残る）。伊切、梨ノ木堂などの小集落からなり、戸数は3戸（S.58、郵便区全図 西条局）です。

○12. 東北山

平成3年頃に離村した農山村です（複数年の住宅地図の比較、1戸残る）。戸数は3戸（S.58、郵便区全図 西条局）です。

○13. 桑崎

昭和43年に17戸77名が集団移転した農山村で、同35年の戸数は26戸でした（『木曽・楢川村誌』）。

○14. 広川原

現住5戸（H.29）の高度過疎集落（農山村）で、昭和53年の戸数は9戸でした（「郵便区全図田ノ口局」）。

○15. 長岡新田

箕輪ダム建設のため、平成3年に37戸が集団移転した農山村です（離村記念碑）。昭和52年の戸数は47戸でした（「郵便区全図 箕輪局」）。

○16. 芝平（しびら）

昭和58年に37戸が集団移転した農山村です（離村記念碑）。下芝平、大下、卯沢などの小集落からなり、昭和32年の戸数は90戸でした（「郵便区全図 長藤局」）。

昭和50年頃から新しい住民の転入があり、平成の世も行政サービスのない中、暮らしが継続しています。しかし近年、新住民の数も減少傾向にあります（国勢調査では、28戸47名（H.22）に10戸16名（H.27））。

○17. 四徳（しとく）

「伊那谷三六災害」（昭和36年の豪雨災害）を契機に、昭和37年～翌38年に84戸が集団移転した農山村です（「四徳の集団移住」）。下村、中村、大張などの小集落からなり、昭和24年の戸数は90戸でした（「郵便区全図 南向局」）。

○18. 北川

「伊那谷三六災害」を契機に、昭和37年に38戸が集団移転した農山村です（「四徳の集団移住」）。

○19. 桃の平

昭和46年頃に離村した農山村です（分校閉校10年後の経験則）。昭和56年の戸数はゼロです（「郵便区全図 大鹿局」）。

○20. 野田平（のたのびら）

昭和55年に27戸が集団移転した農山村です（離村記念碑）。野田平、萩野、本谷などの小集落からなり、昭和33年の戸数は42戸でした（「郵便区全図 豊丘局」）。

○21. 松川入（まつかわいり）

昭和41年に15戸が集団移転した農山村です。入道、須官などの小集落からなり、最盛期（大正期頃）には35戸を数えました（離村記念碑）。

○22. 大平（おおだいら）

昭和45年11月に28戸が集団移転した旅籠（大平宿）があった農山村で、最盛期（大正期）には75戸を数えました（『大平誌』）。

現在、往時の旅籠は、「大平宿をのこす会」から飯田市指定業者に引き継がれて管理されています。

○23. 川端

昭和50年頃に離村した農山村です（分校閉校3年後の経験則）。川端、二軒屋などの小集落からなり、昭和39年の戸数は12戸でした（「郵便区全図 泰阜局」）。

○24. 栃城（とちじろ）

現住5戸（H.29）の高度過疎集落（農山村）で、昭和39年の戸数は7戸でした（「郵便区全図 泰阜局」）。

○25. 長島宇連（ながしまうれ）

現住2戸（H.29）の高度過疎集落（農山村）です。大蛇、連地などの小集落からなり、昭和57年の戸数は6戸でした（「郵便区全図 平岡局」）。

（2018年8月15日（水）更新）

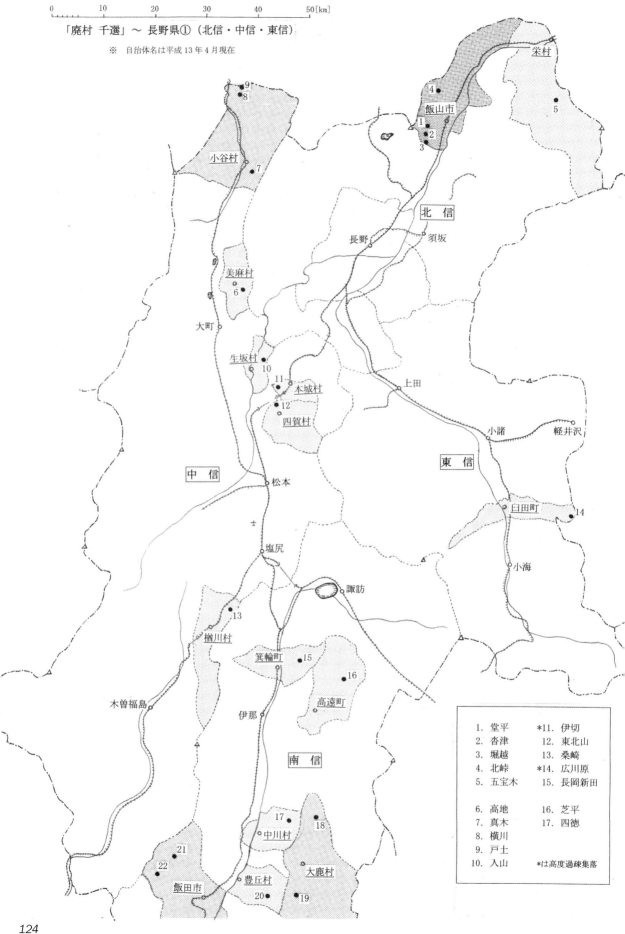

「廃村 千選」〜 長野県②（南信）

※ 自治体名は平成13年4月現在

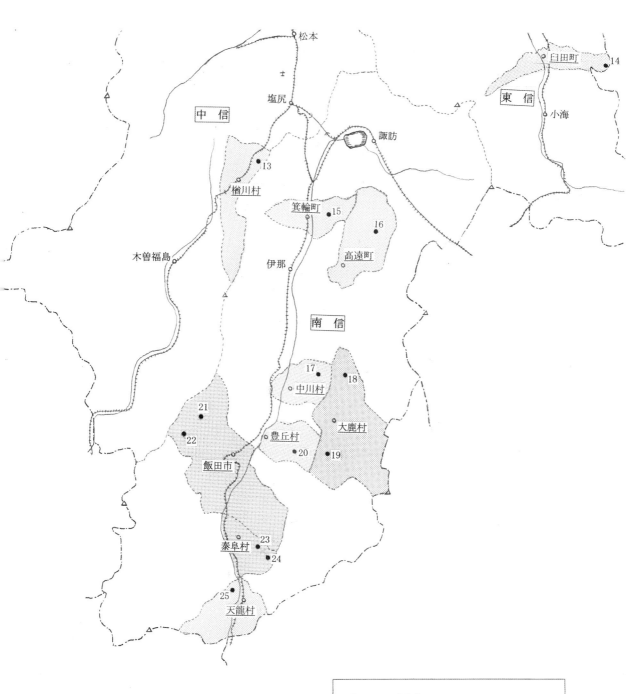

【長野県・南信】
- 15. 長岡新田
- 16. 芝平
- 17. 四徳
- 18. 北川
- 19. 桃の平
- 20. 野田平
- 21. 松川入
- 22. 大平
- 23. 川端
- *24. 栃城
- *25. 長島宇連

*は高度過疎集落

17 「廃村千選」～ 山梨県

山梨県牧丘町の高度過疎集落 柳平(Yanagidaira)の分校です(平成18年9月)。

　編者が確認した山梨県の「学校跡を有する廃村・高度過疎集落」(学校の所在は昭和34年以降)は5か所です(廃村4か所、高度過疎集落1か所)。

【県全体の概要】
　山梨県(旧国名は甲斐(甲州))は人口83万人(H.27)、面積4465km^2。日本の代表峰 富士山や南アルプスがある山岳県です。
◎1．廃村・冬季分校
　富士山や南アルプスがある山岳県ですが、積雪地に所在する集落は少なく、「廃校廃村」は5か所です。また、冬季分校は1校でした(三富村大平＝三富小学校大平冬季分校)。
◎2．鉱山
　牧丘町に乙女鉱山がありました(主要鉱物は水晶、昭和56年閉山)。
◎3．へき地等級
　へき地4級地(県内最高級)が2か所ありました(塩山市一之瀬＝神金第二小学校一之瀬分校、早川町雨畑＝硯島小学校室畑分校)。
◎4．ダム関係
　山梨県内最大規模のダムは三富村の広瀬ダム(総貯水容量1430万立方m)です。
◎5．標高
　山梨県の最高峰は、富士山(標高3776m、富士吉田市、静岡県富士宮市ほか)です。標高が高い廃校廃村 柳平の学校所在地標高は1496mで、全国第2位です。
◎6．開校期間
　山梨県で最も歴史が古い廃村の学校は、古関小学校折八分校(所在は折門)で、明治10年開校、昭和48年閉校、開校期間は96年です。

【各集落の概要】
○1．滑沢
　明治末頃に恩賜林への入植でできた農山村です。三富局郵便区全図(S.39.7)では、滑沢(分校所在地)に11戸、姥上(キャンプ場所在地)に4戸、小石窪に2戸(計17戸)記されています。離村年は平成22年です(複数年の住宅地図の比較と現地探索から)。
○2．柳平
　極めて高所にある戦後開拓集落で、分校の休校(H.19)を受けて、リストに追加しました。諏訪局郵便区全図(S.30.9)では、4戸記されています。
○3．大明神
　高所にある戦後開拓集落で、現在、地内には別荘地ができています。吉沢局郵便区全図(S.30.10)では、10戸記されています。離村年は平成12年頃です(複数年の住宅地図の比較から)。
○4．折門
　古くからの農山村で、4つの地区のうち、分校があった御弟子、上折門、下折門は無人化しています。上九一色局郵便区全図(S.38.8)では、沢(現住)に7戸、御弟子に10戸、上折門に6戸、下折門に7戸(計30戸)記されています。離村年は平成20年です(複数年の住宅地図の比較と現地探索から)。
○5．天久保
　古くからの農山村で、地理的要素から往時は五箇村役場、五箇小学校がありました(五箇村は、昭和31年に合併で早川町となる)。飯富局郵便区全図(S.30.6)には、10戸記されています。離村年は昭和46年頃です(学校閉校3年後の経験則から)。

(2018年8月15日(水)更新)

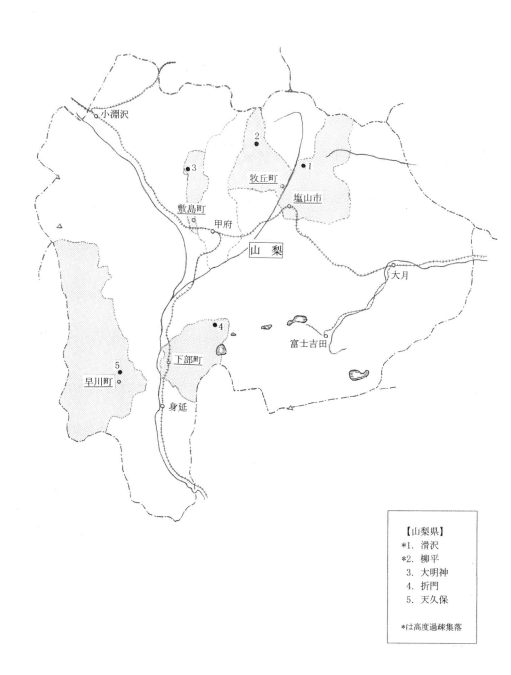

「廃村 千選」～ 山梨県

※ 自治体名は平成13年4月現在

【山梨県】
*1. 滑沢
*2. 柳平
 3. 大明神
 4. 折門
 5. 天久保

*は高度過疎集落

18 「廃村千選」～ 静岡県

静岡県水窪町の廃村 有本（Arimoto）の分校の門柱跡です（平成20年1月）

　編者が確認した静岡県の「学校跡を有する廃村・高度過疎集落」（学校の所在は昭和34年以降）は8か所です（廃村8か所）。

【県全体の概要】
　静岡県は（旧国名は遠江（遠州）、駿河、伊豆）は人口370万人（H.27）、面積7777km²。日本の代表峰 富士山（標高3776m）を擁し、太平洋に面するため、気候は温暖です。
◎1．廃村
　廃校廃村はすべて遠州にあり、特に水窪町には5か所が集中しています。
◎2　鉱山
　修善寺町の大仁鉱山（主要鉱物は金、昭和48年閉山）、龍山村の峰之沢鉱山（主要鉱物は銅、昭和44年閉山、関連学校＝下平山小学校は同45年閉校）などがありました。
◎3．へき地等級
　へき地4級地（県内最高級）が3か所ありますが、春野町小俣京丸と水窪町大嵐は廃校廃村です（あと1か所は水窪町門桁＝水窪小学校門桁分校）。
◎4．ダム関係
　佐久間町佐久間ダム（総貯水容量3億2685万立方m、昭和31年竣工）、静岡市葵区井川ダム（総貯水容量1億5000万立方m、昭和32年竣工）などの規模の大きなダムがあります。

【各集落の概要】
○1．中塚
　昭和56年頃に1戸となった農山村集落です。分校名、大字名の嵯塚は、佐賀野と中塚の合成名で、戸数は3戸（H.22）、1戸（H.27）です。

○2．小俣京丸
　昭和44年頃に無住化した農山村集落です（分校閉校3年後の経験則）。小俣京丸は、小俣と京丸の合成名で、気多局郵便区全図（S.39.11）によると、戸数は9戸（小俣8戸、京丸1戸）です。
○3．新開
　昭和42年に離村した営林事業集落で、龍山局郵便区全図（S.33.8）によると、戸数は13戸（一本杉1戸含む）です。
○4．河内浦
　平成23年に離村（行政区消滅）した農山村集落で、水窪局郵便区全図（S.31.6）によると、戸数は24戸（河内浦10戸、臼ヶ森6戸、ほか近隣4戸）です。
○5．峠
　昭和55年頃に無住化した農山村集落です（分校閉校3年後の経験則）。水窪局郵便区全図（S.31.6）によると、戸数は10戸（峠4戸、大地6戸）です。
○6．有本
　昭和61年に離村（行政区消滅）した農山村集落で、水窪局郵便区全図（S.31.6）によると、戸数は15戸です。
○7．大嵐
　平成27年頃に離村した農山村集落です（複数年の住宅地図の比較）。水窪局郵便区全図（S.31.6）によると、戸数は27戸（大嵐9戸、針間野13戸、桂山4戸、桐山2戸）です。
○8．門谷
　昭和54年頃に無住化した農山村集落です（分校閉校10年後の経験則）。水窪局郵便区全図（S.31.6）によると、戸数は18戸（近隣4戸を含む）です。

（2018年8月15日（水）更新）

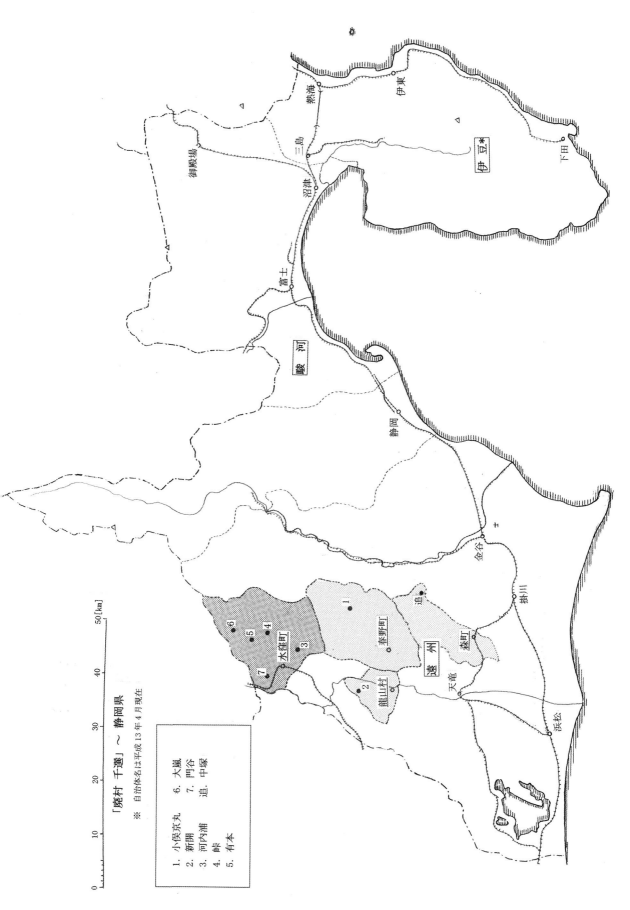

19 「廃村千選」～ 愛知県

愛知県設楽町の廃村 宇連（Ure）の分校跡です（平成19年3月）。

　編者が確認した愛知県の「学校跡を有する廃村・高度過疎集落」（学校の所在は昭和34年以降）は2か所です（廃村1か所，高度過疎集落1か所）。

【県全体の概要】
　愛知県は（旧国名は尾張、三河）は人口748万人（H.27）、面積5172km²。中京圏の中心 名古屋市を擁しますが、県東部（奥三河）には深い山間地があります。
◎1．廃村
　2か所の廃校廃村は、三河の中山間地に所在します。東栄町大入、豊根村湯ノ島、富山村山中、佐太は昭和33年以前、設楽町八橋は平成24年以降の廃校廃村です。
◎2．鉱山
　津具村に津具鉱山がありました（主要鉱物はアンチモン、昭和32年閉山）。
◎3．へき地等級
　へき地4級地（県内最高級）が2か所ありました（設楽町宇連・裏谷）。
◎4．ダム関係
　愛知県内最大規模のダムは、設楽町の設楽ダムです（総貯水容量9800万立方m、未竣工）。
◎5．標高
　愛知県の最高峰は、茶臼山（豊根村、長野県根羽村）で、標高1415mです。

【各集落の概要】
○1．牛地
　戸数3戸（H.29）の高度過疎集落（農山村）で、矢作第一ダムの建設により集落の大部分が水没しました。小渡局郵便区全図（S.32.7）によると、戸数は75戸（学校所在地の中切は16戸）です。

○2．宇連
　宇連ダムの上流に位置する農山村集落の廃村で、昭和45年頃に無住化しました（分校閉校3年後の経験則）。振草局郵便区全図（S.31.8）によると、戸数は13戸（宇連7戸、分校所在地の島は6戸）です。
○番外1．大入
　大入渓谷沿いの山の中腹にあり、昭和35年に離村しました。現地には山道を1時間以上歩く必要があります。集落には東薗田小学校大入分校がありました（大正8年開校、昭和27年閉校）。
○番外2．湯ノ島
　昭和30年、佐久間ダム建設に伴って離村した農山村集落です。ダム建設前の国鉄飯田線は天竜川沿いを走っており、最寄り駅は豊根口駅（廃駅、静岡県佐久間町）でした。集落には古間立小学校分地分校がありました（明治40年開校、昭和30年閉校）。
○番外3．山中
　昭和30年、佐久間ダム建設に伴って離村した農山村集落で、最寄り駅は白神駅（廃駅、静岡県水窪町）でした。集落には富山小学校山中分校がありました。
○番外4．佐太
　昭和30年、佐久間ダム建設に伴って離村した農山村集落で、最寄り駅は小和田駅（静岡県水窪町）でした。集落には富山小学校佐太分校がありました。
○番外5．八橋
　設楽ダム建設に伴い平成26年10月に閉村となった農山村集落です。集落にあった八橋小学校はへき地等級無級、児童数73名（S.34）、明治8年開校、昭和46年閉校。木造校舎は、公共施設として永く存続しました。

（2018年8月15日（水）更新）

「廃村 千選」〜 愛知県

※ 自治体名は平成13年4月現在

*1. 牛地
 2. 宇連

*は高度過疎集落

◆「廃村 千選」総合リスト

長野、山梨

			所在地(小学校)	郵便番号	産業等	事由	戸数	地形図		学校	標高	離村時期	閉校年	訪問
600	どうだいら	堂平	飯山市飯山11089	389-2253	(農)		1 H.29	飯山	S.40	文	643m	平成19年	S.57年	◎H.17
601	くっつ	沓津	飯山市静間4600	389-2256	(農)		0 H.18	飯山	S.40	文	662m	昭和47年	S.47年	◎H.17
602	ほりこし	堀越	飯山市連6070-2	389-2416	(農)		0 H.18	中野	S.42	文	703m	昭和55年	S.55年	◎H.17
603	きたとうげ	北峠	飯山市緑1868		(農)		0 H.18	飯山	S.40	文	617m	昭和48年	S.48年*	◎H.17
△604	ごほうぎ	五宝木	下水内郡栄村18544	949-8321	開拓		9 H.29	苗場山	S.37	文 5級	879m	平成15年頃	S.51年	◎H.20
605	こうち	高地	北安曇郡美麻村33009	399-9101	(農)		0 H.29	大町	S.46	文	704m	昭和49年	S.44年	◎H.17
606	まき	貴木	北安曇郡小谷村千国乙12411	399-9422	(農)	再生	1 H.27	信濃池田	S.46	文	926m	昭和47年	S.43年	◎H.19
607	よこかわ	横川	北安曇郡小谷村北小谷(横川)	399-9601	(農)		0 H.19	小滝	S.51	◯ 冬	554m	昭和46年頃+	S.43年	◎H.20
608	とど	戸土	北安曇郡小谷村北小谷12000	399-9601	(農)		0 H.27	小滝	S.36	文	552m	昭和49年頃	S.46年	◎H.20
609	いりやま	入山	東筑摩郡生坂村10649	399-7201	炭鉱		0 H.26	信濃池田	S.46	◯	688m	平成8年頃	S.40年*	◎H.18
610	いきれ	伊切	東筑摩郡本城村西城(梨ノ木堂)	399-7501	(農)	再生	1 H.28	信濃池田	S.46	文	753m	平成10年頃	S.38年	◎H.19
611	ひがしきたやま	東北山	東筑摩郡四賀村五常6078	399-7401	(農)		1 H.29	信濃池田	S.46	文	669m	平成3年頃	S.45年	◎H.19
612	くわさき	桑崎	木曽郡楢川村贄川(桑崎)	399-6301	(農)		0 H.19	塩尻	S.43	文	1,086m	昭和43年	S.42年	◎H.20
*613	ひろかわら	広川原	南佐久郡臼田町田口106	384-0412	(農)	ダム	5 H.29	御代田	S.43	文 冬	678m	―	S.47年	◎H.19
614	ながおかしんでん	長岡新田	上伊那郡箕輪町東箕輪2046-2	399-4602	(農)		0 H.17	高遠	S.43	◯	*846m	平成3年	S.40年*	◎H.20
615	しびら	芝平	上伊那郡高遠町芝平430	396-0302	(農)	再生	6 H.16	高遠	S.43	文	1,109m	昭和53年	S.40年	◎H.06
616	しとく	四徳	上伊那郡中川村四徳428-3	399-3804	(農)	災害	0 H.19	大河原	S.32	文	876m	昭和38年	S.38年*	◎H.19
617	きたかわ	北川	下伊那郡大鹿村鹿塩4344	399-3501	(農)	災害	0 H.20	大河原	S.32	◯	1,098m	昭和37年	S.37年	◎H.06
618	もものたいら	桃の平	下伊那郡大鹿村大河原1496	399-3502	(農)		2 H.28	大河原	S.44	文	883m	昭和46年頃*	S.36年	◎H.20
619	のたのひら	野田平	下伊那郡豊丘村神稲12523	399-3202	(農)		0 H.20	飯田	S.43	文	843m	昭和55年	S.51年	◎H.19
620	まつかわいり	松川入	飯田市上飯田8151	395-0000	(農)		0 H.19	飯田	S.43	文	1,049m	昭和41年	S.41年	◎H.20
621	おおだいら	大平	飯田市上飯田7828		旅籠		0 H.19	飯田	S.43	文*	1,147m	昭和45年	S.45年*	◎H.16
622	かわばた	川端	下伊那郡泰阜村9021	399-1801	(農)		0 H.19	時又	S.44	文	481m	昭和50年頃+	S.47年	◎H.20
*623	とちじろ	栃城	下伊那郡泰阜村9022	399-1801	(農)		5 H.29	時又	S.55	文	700m	―	S.58年	◎H.20
*624	なかしもうれ	長島宇連	下伊那郡天龍村長島763	399-1203	(農)		2 H.29	満島	S.43	文	566m	―	S.55年	◎H.20
625	なめざわ	滑沢	塩山市小屋敷字滑沢3219-244	404-0211	(農)		2 H.28	丹波	S.44	文	972m	平成22年	S.49年+	◎H.18
*626	やなぎだいら	柳平	東山梨郡牧丘町柳平42	404-0001	開拓		2 H.27	御岳昇仙*	S.46	文	1,496m	―	H.19年+	◎H.18
627	だいみょうじん	大明神	中巨摩郡敷島町亀沢6749-67	407-9131	(農)		0 H.19	御岳昇仙*	S.46	◯	957m	平成12年頃	S.52年	◎H.18
628	おりかど	折門	西八代郡下部町折門792	409-3101	(農)		3 H.26	甲府	S.43	文	866m	平成20年	S.48年	◎H.22
629	てんくぼ	天久保	南巨摩郡早川町薬袋1765	409-2727	(農)		1 H.25	身延	S.43	文	656m	昭和46年頃+	S.43年	◎H.22

(注1) 通し番号欄の*印は高度過疎集落(ごく少数戸が残る過疎集落)、△は冬季無住集落です。
(注2) 所在地は「全国学校総覧 昭和35年版」の小学校の所在地をベースに編集しています(自治体名は平成の大合併直前)。
(注3) 産業等欄、(農)は農山村を示します。
(注4) 戸数欄の年号は、戸数を調べた「センサス住宅地図」の発行年と年号。地形図欄の年号は、「5万分の1地形図」の発行年です。
(注5) 学校欄、文は文マーク(「5万分の1地形図」で確認、◯は「5万分の1地形図」で確認、文*は「2万5千分の1地形図」で確認、文は「郵便区全図」で確認を示します。
(注6) 標高は、学校(推定地を含む)の値です。
(注7) 閉校時期欄、xx年は、文献等に記された閉校年です。xx年頃は、小学校閉校年+3年)、末尾*印は「離村年=閉校年+10年」の経験則を適用しています。
(注8) 訪問欄の◎は編者が訪ねたことを示します。末尾+印は、初訪年を示します。
(注9) 地形図欄、626、627、御岳昇仙*の正式名は御岳昇仙峡です。

◆「廃村千選」総合リスト　　　静岡、愛知、静岡（追加）

通し番号	おまたきょうまる	所在地県	郵便番号	所在地（小学校）	産業等	事由	戸数	地形図		学校	標高	離村時期	閉校年	訪問
630	小俣京丸	静岡県	439-0608	周智郡春野町小俣京丸79	(農)営林		0 H.19	佐久間	S.35		607m	昭和44年頃+	S.41年	◎H.13
631	新開	静岡県	431-3801	磐田郡龍山村瀬尻431	(農)	閉業	1 H.29	佐久間	S.35	文*	557m	昭和42年	S.36年	◎H.20
632	河内浦	静岡県	431-4103	磐田郡水窪町山住384	(農)		1 H.29	佐久間	S.43	文	509m	平成23年※	S.44年	◎H.19
633	峠	静岡県	431-4102	磐田郡水窪町地頭方1659	(農)		0 H.29	満島	S.43	文	726m	昭和55年頃	S.45年	◎H.20
634	有本	静岡県	431-4102	磐田郡水窪町地頭方2692	(農)		0 H.29	満島	S.43	文	694m	昭和61年	S.46年	◎H.20
635	大嵐	静岡県	431-4101	磐田郡水窪町奥領家5719	(農)		1 H.29	満島	S.43	文	710m	平成27年頃※	S.60年*	◎H.20
636	門谷	静岡県	431-4101	磐田郡水窪町奥領家127-4	(農)		0 H.29	明智	S.62	文	685m	昭和54年頃*	S.44年	◎H.19
*637	牛地	愛知県	444-2801	東加茂郡旭町牛地字西久保2-85	(農)	ダム	3 H.29	明智	S.62	文	342m	ー	H.9年	◎H.19
638	宇連	愛知県	441-2300	北設楽郡設楽町川合字嶋30	(農)		0 H.18	田口	S.35	文	382m	昭和45年頃+	S.42年	◎H.19
◆1018	中塚	静岡県	437-0201	周智郡森町陸塚656	(農)		1 H.29	家山	S.43	文	535m	昭和56年頃	S.52年*	◎H.24

(注1) 通し番号欄の*印は高度過疎集落（ごく少数戸が残る過疎集落 昭和35年版）の小学校跡のハマ印、◆印は追加です。
(注2) 所在地は「全国学校総覧 昭和35年度版」の情報をベースに編集しています（自治体名は平成の大合併直前（H.13））。
(注3) 産業等欄、(農)は農山村を示します。
(注4) 戸数欄の年号は、戸数を調べた「ゼンリン住宅地図」の発行年です。また、地形図欄の年号は、「5万分の1地形図」の発行年です。
(注5) 学校欄、文は文マークを「5万分の1地形図」で確認、◎は「5万5千分の1地形図」で地名を確認、文*は「2万5千分の1地形図」で確認、文*は「郵便区全図」で確認を示します。
(注6) 標高は、学校（推定地を含む）の値です。
(注7) 閉村時期欄、xx年頃は、文献等に記された閉村年です。xx年頃は、小学校閉校年、住宅地図等から推定した閉村年です。
末尾+印は「離村年≒閉校年+3年」、末尾*印は「離村年≒閉校年+10年」の経験則を適用しています。
(注8) 訪問欄の◎は編者が訪ねたことを示します。年号は、初訪年を示します。

133

● 「廃村千選」小学校児童数リスト (S.34～S.50)　　　　　　　　　　　　　　　　　　　　　　　　　　　長野, 山梨, 静岡

番号	堂平	所在地	級数	小学校名	S.34	S.35	S.36	S.37	S.38	S.39	S.40	S.41	S.42	S.43	S.44	S.45	S.46	S.47	S.48	S.49	S.50	開校	閉校年	閉(中)
600	堂平	飯山市	2級	飯山小学校堂平分校*	42	44	39	37	34	31	24	23	23	23	14	15	20	18	16	16	*	M.12	昭和57年	S.41
601	菅сь	飯山市	2級	秋津小学校菅分校	17	16	14	17	17	18	17	13	16	16	11	8	6					M.18	昭和47年	
602	堀越	飯山市	2級	秋津小学校立石分校	21	19	16	17	13	12	9	9	9	9	12	13	10	5	4	6	6	M.18	昭和55年	
603	北峠	飯山市	2級	外様小学校北峠分校*	19	22	16	12	8	9	8	7	7	7	6	7	7	3	2			M.12	昭和48年*	
604	五宝木	栄村	5級	秋山小学校五宝木分校	10	11	7	13	14	14	12	8	4	4	3	2	2	2	2	1	1	S.32	昭和51年	
605	高地	美麻村	2級	美麻南小学校高地分校	29	29	19	24	23	22	17	6	3	3								M.6	昭和44年	
606	貫木	小谷村	2級	南小谷小学校貫木分校	6	6	3	1	4	4	7	6	4									M.15	昭和43年	
607	横川	小谷村	3級	北小谷小学校横川冬季分校	6																	M.31	昭和43年	S.43*
608	戸土	小谷村	2級	北小谷小学校戸土分校	31	32	25	27	21	17	7	14	11	11	2	2						M.7	昭和46年	
609	入山	生坂村	2級	生坂中央小学校入山分校*	19	22	15	13	11	11	7		.									M.44	昭和40年*	
610	伊切	本城村	1級	本城小学校伊切分校	14	13	11	9		.												M.7	昭和38年	
611	東北山	四賀村	1級	五常小学校北山分校	10	11	10	8	5	5	3	3	2	2	4							M.10	昭和45年	
612	桑崎	楢川村	1級	楢川小学校桑崎冬季分校	16																	M.13	昭和42年	S.41
613	広川原	白田町	4級	白田口小学校狭云岩分校	35	35	32	25	27	23	17	17	14	14	17	17	13					M.44	昭和47年	
614	長岡新田	箕輪町	無	箕輪東小学校長岡新田分校	22	18	19	17	18	12												T.13	昭和40年	
615	芝平	高遠町	1級	三義小学校芝平分校	85	80	74	69	63	54												M.6	昭和40年	
616	四徳	中川村	1級	中川東小学校四徳分校	71	65	58	20	1													M.6	昭和38年*	S.37
617	北川	大鹿村		鹿塩小学校北川分校	29	28	25															M.31	昭和37年	
618	桃の平	大鹿村		大河原小学校青木分校	29	26																T.13	昭和36年	
619	野田平	豊丘村	1級	豊丘南小学校野田平分校	33	32	29	24	23	18	16	17	15	15	23	21	21	16	16	10	5	M.36	昭和51年	
620	松川入	飯田市	1級	大平小学校松川入分校	31	18	16	17	15	15	15											M.15	昭和41年	
621	大平	飯田市	1級	大平小学校*	36	38	34	28	24	20	16	12	*11	11	11	9						M.6	昭和45年	S.36
622	川端	泰阜村	3級	泰阜南小学校川端分校	17	12	6	6	10	10	12	11	11	11	8	2	1				—	S.24	昭和47年	
623	栃城	泰阜村	4級	泰阜南小学校栃城分校	7	5	5	4	4	3	2	3	3	3	5	6	7	7	6	7	7	S.2	昭和58年	
624	長島宇連	天龍村	1級	平岡小学校宇連分校	17	15	10	6	6	4	3	3	3	3	2	3	2	2	2	2	2	M.31	昭和55年	
625	滑沢	福山市	2級	松里小学校滑沢分校	16	11	13	12	9	8	7	9	8	7	8	7	4	3	2	—	—	M.41	昭和49年	
626	柳平	牧丘町	3級	牧丘第一小学校柳平分校	9	7	6	5	2	2	1	2	3	2	2	3	2	2	2	2	1	S.21	平成19年	
627	大明神	敷島町	2級	清川小学校大明神分校	13	4	.	3	3	2	4	5	3	1	1		1	2	2	2	2	S.33	昭和52年	
628	折門	下部町	1級	古関小学校折門分校	54	56	48	52	47	42	40	42	42	34	34	32	23	12	—	—	—	M.22	昭和48年	S.35
629	天久保	早川町	1級	五箇小学校	212	209	205	176	149	123	93	69	50									S.10	昭和43年	
630	小俣京丸	春野町	4級	石切小学校小俣分校	13	13	11	11	8	7	4											M.41	昭和41年	
631	新開	龍山村		瀬尻小学校高台分校	28	34																T.8	昭和36年	
632	河内浦	水窪町	3級	水窪小学校河内浦分校	26	24	22	21	21	18	16	16	13	21	18							M.14	昭和44年	
633	峠	水窪町	2級	水窪小学校大地分校	93	96	85	79	70	67	64	56	34									M.13	昭和45年	S.36
634	有本	水窪町	2級	水窪小学校有本分校	29	25	26	21	21	10	17	16	16	21	16	13	—	—	—	—	—	M.13	昭和46年	S.36
635	大嵐	水窪町	4級	水窪小学校大嵐分校	56	55	55	56	50	61	52	53	47	49	49	35	34	24	14	7	5	M.41	昭和60年*	S.46

番号欄の＊印は高度過疎集落, △印は冬季無住集落, 自治体名・学校名・級数・学校は S.34.4, 年次欄は S.34.5, 閉校年欄の*は休校, —は休校, — は年度途中（4-12月）の閉校
*600. S.50 より堂平冬季分校, *621. S.42 より丸山小学校大平分校

● [廃村千選] 小学校児童数リスト (S.34〜S.50)

静岡, 愛知, 静岡 (追加)

	所在地	小学校名	級数	S.34	S.35	S.36	S.37	S.38	S.39	S.40	S.41	S.42	S.43	S.44	S.45	S.46	S.47	S.48	S.49	S.50	開校	閉校年	閉(中)
636	門谷	水窪小学校門谷分校	2級	12	14	15	18	21	21	22	17	16	1								M.12	昭和44年	
637	牛地	旭小学校	2級	126	118	111	109	102	103	95	90	68	43	36	26	24	25	21	20	19	M.7	平成9年	S.62
638	宇連	神田小学校宇連分校	4級	11	10	9	9	6	5	4	3										S.22	昭和42年	
◆ 1018	中塚	吉川小学校礎塚分校*	2級	25	20	26	24	19	19	16	10	9	10	9	10	8	10	7	8	*8	M.23	昭和52年	

番号欄の*印は高度過疎集落, ◆印は追加, 自治体名・学校名はS.34.4, 級数・学校名はS.34.4, 年次欄の*は冬季分校の開校, 閉校年欄の*は年度途中(4-12月)の閉校
*1018. S.50より天方小学校礎塚分校

● [廃村千選] 小学校児童数リスト (S.51〜H.2)

長野, 山梨, 静岡, 愛知, 静岡 (追加)

	所在地	小学校名	級数	S.34	S.50	S.51	S.52	S.53	S.54	S.55	S.56	S.57	S.58	S.59	S.60	S.61	S.62	S.63	H.1	H.2	開校	閉校年	閉(中)
600	堂平	飯山小学校堂平冬季分校*	2級	42	*・	・	・	・	・	・	・	・									M.12	昭和57年	S.41
602	堀越	秋津小学校立石分校	2級	21	6	2	2	2	2												M.18	昭和55年	
619	野田平	豊丘小学校野田平分校	3級	33	5	ー	ー	ー	ー	ー	ー	ー									M.36	昭和51年	
622	川端	泰阜南小学校川端分校	3級	17	ー	ー	ー	ー	ー	ー	ー	ー									S.2	昭和47年	
* 623	栃城	泰阜南小学校栃城分校	4級	7	7	5	4	3	3	3	1	1	ー	ー	ー	ー	ー	ー	ー	ー	S.2	昭和58年	S.36
624	長島宇連	天龍小学校宇連分校	1級	17	2	1	ー	ー	ー	ー	ー	ー									M.31	昭和55年	
625	滑沢	塩山小学校清沢分校	2級	16	ー	ー	ー	ー	ー	ー	ー	ー									M.41	昭和49年	
* 626	柳平	牧丘第一小学校柳平分校	3級	9	1	ー	2	ー	1	ー	2	ー	3	4	3	3	3	3	2	1	S.21	平成19年	
627	大明神	清川小学校大明神分校	4級	13	2	ー	2	ー	ー	ー	ー	ー									S.33	昭和52年	
633	峠	水窪小学校大地分校	2級	93	ー	ー	ー	ー	ー	ー	ー	ー									M.13	昭和45年	
634	有本	水窪小学校有本分校	2級	29	ー	ー	ー	ー	ー	ー	ー	ー									M.13	昭和46年	S.36
635	大嵐	水窪小学校大嵐分校	4級	56	5	4	2	1	2	3	2	2	2	2	1	ー	ー	ー	ー	ー	M.41	昭和60年	S.46
637	牛地	旭町小学校	2級	126	19	18	16	13	11	12	11	9	11	14	12	9	12	13	15	14	M.7	平成9年	
◆ 1018	中塚	天方小学校礎塚分校*	2級	25	*8	4	ー	ー	ー	ー	ー	ー									M.23	昭和52年	S.62

番号欄の*印は高度過疎集落, ◆印は追加, 自治体名・学校名はS.51.4, 級数はS.34.4, 年次欄の・は冬季分校の開校, 一は休校

● [廃村千選] 小学校児童数リスト (H.3〜H.17)

長野, 山梨, 静岡, 愛知

	所在地	小学校名	級数	S.34	H.02	H.03	H.04	H.05	H.06	H.07	H.08	H.09	H.10	H.11	H.12	H.13	H.14	H.15	H.16	H.17	開校	閉校年	閉(中)
* 623	栃城	泰阜南小学校栃城分校	4級	7	ー	ー	ー	ー	ー	ー	ー	ー	ー	ー	ー	ー	ー	ー	ー	ー	S.2	昭和58年	S.36
625	滑沢	塩山市小学校清沢分校++	2級	16	ー	ー	ー	ー	ー	1	ー	ー	ー	ー	ー	ー	ー	ー	ー	++	M.41	昭和49年	
* 626	柳平	牧丘第一小学校柳平分校	3級	9	1	1	2	1	1	1	1	2	2	1	2	2	2	1	2	1	S.21	平成19年	S.46
634	有本	水窪小学校有本分校	2級	29	ー	ー	ー	ー	ー	ー	ー	ー	ー	ー	ー	ー	ー	ー	ー	++	M.13	昭和46年	
635	大嵐	水窪小学校大嵐分校	4級	56	ー	ー	ー	ー	ー	ー	ー	ー	ー	ー	ー	ー	ー	ー	ー	++	M.41	昭和60年	
* 637	牛地	旭町小学校++	2級	126	14	14	12	10	8	8	5										M.7	平成9年	S.62

番号欄の*印は高度過疎集落, 自治体名・学校名はH.02.4, 級数はS.34.4, 年次欄の一は休校

● 「廃村 千選」小学校児童数リスト (H.18 〜 H.30)

長野, 山梨

		所在地	級数	小学校名	S.34	H.17	H.18	H.19	H.20	H.21	H.22	H.23	H.24	H.25	H.26	H.27	H.28	H.29	H.30
	623	栃城	4級	秦阜南小学校栃城分校	7	−	−												
	625	滑沢	2級	松里小学校滑沢分校	16	++	−				−								
*	626	柳平	3級	牧丘第一小学校柳平分校	9	++	1	−	−	−	−	−					−	*	−

番号欄の*印は高度過疎集落, 自治体名・学校名は H.18.4, 級数は S.34.4, 年次欄の−は休校, *626. H.29 から笛川小学校柳平分校

● 「廃村 千選」中学校生徒数リスト (S.34 〜 S.50)

長野, 山梨, 静岡, 愛知

		所在地	級数	中学校名	S.34	S.35	S.36	S.37	S.38	S.39	S.40	S.41	S.42	S.43	S.44	S.45	S.46	S.47	S.48	S.49	S.50	閉 (小)	閉校年 (中)
	600	堂平	2級	飯山中学校堂平冬季分校	22	(冬)	・	・	・	・	・											S.57	昭和41年
	608	戸土	2級	北小谷中学校戸土分校	7	8	16	14	19	15	16	12	7									S.46	昭和43年
*	613	広川原	4級	田口中学校狭岩分校	9	6	10	11	12	12	14											S.47	昭和41年
	616	四徳	1級	中川東中学校四徳分校	28	26	28															S.38・	昭和37年
*	623	栃城	4級	秦阜南中学校栃城分校	2	3	−															S.58	昭和36年
	628	折門	2級	古関中学校折八分校	16																	S.48	昭和35年
	633	峠	2級	水窪中学校大地分校	34	21																S.45	昭和36年
	634	青本	2級	水窪中学校渡元分校	31	42	56	75	69	64	62	61	61	58	55	42						S.46	昭和46年
*	637	牛地	2級	旭中学校生駒分校	53	59	64	62	57	55	59	48	39	21	17	18	17	18	18	16	14	H. 9	昭和62年

番号欄の*印は高度過疎集落, 自治体名・学校名は S.34.4, 年次欄の・は冬季分校の開校, −は休校

● 「廃村 千選」中学校生徒数リスト (S.51 〜 H.02)

愛知

		所在地	級数	中学校名	S.34	S.50	S.51	S.52	S.53	S.54	S.55	S.56	S.57	S.58	S.59	S.60	S.61	S.62	S.63	H.01	H.02	閉年 (小)	閉年 (中)
*	637	牛地	2級	旭中学校生駒分校	53	14	9	8	10	11	12	9	7	4	4	4	8					H. 9	昭和62年

番号欄の*印は高度過疎集落, 自治体名・学校名は S.51.4, 級数は S.34.4

*2018-11-01

◆「廃村 千選」一覧表（その2 テーマ別）

Team HEYANEKO

		都道府県	計	冬分	5級	駅	夏分	ダム	空港	騒音	開発				地方
	1	道央	92		9	18		11			2		1		北海道
	48	道東	87		7	10		2					計		285
	49	道北	84		14	18		9							
	50	道南	22		3										
	2	青森	21	1	3			3			3		2		東北
	3	岩手	35	5	4	1		4					計		234
	4	秋田	50	12	6			11							
	5	宮城	12		1			5		2					
	6	山形	77	32	2			9							
	7	福島	39	10	4			5							
	8	茨城	1								1		3		関東
	9	栃木	4					3					計		20
	10	群馬	9		2			1							
	11	千葉	1							1					
	12	埼玉	1												
	13	東京	2		2										
	14	神奈川	2												
	15	新潟	84	47	2			3					4		甲信越
	16	長野	25	2	1			1					計		114
	17	山梨	5												
	18	静岡	8										5		東海
	19	愛知	2					1					計		55
	20	岐阜	40	3	2			15							
	21	三重	5					2							
	22	富山	42	16	3			2					6		北陸
	23	石川	36	2			2	9					計		115
	24	福井	37	1				12							
	25	滋賀	14	2	1			4		1			7		関西
	26	京都	5										計		42
	27	奈良	6					3							
	28	大阪	1								1				
	29	和歌山	8					1							
	30	兵庫	8	3				1							
	31	鳥取	4	1									8		中国
	32	岡山	5					2					計		40
	33	島根	11		1										
	34	広島	6			1		1		1					
	35	山口	14		3			3							
	36	香川	3										9		四国
	37	徳島	12								1		計		59
	38	愛媛	23		3			3							
	39	高知	21		2			3							
	40	福岡	5					2					10		九州
	41	佐賀	2					1					計		74
	42	長崎	11		5					1					
	43	大分	5												
	44	熊本	13					1							
	45	宮崎	26		1			4							
	46	鹿児島	12		3										
	47	沖縄	6		6								11		沖縄
		総計	1044	137	90	48	2	137	2	4	8		計		6

（注） 冬分＝冬季分校所在地、5級＝へき地5級地、駅＝駅所在地、夏分＝夏季分校所在地、
　　　ダム＝ダム建設関連、空港＝空港建設関連、騒音＝騒音対策関連、開発＝工業開発関連 を示す。

関東地方

廃校廃村分布図

計 20 か所

　廃村　18 か所
　高度過疎集落　2 か所

HEYANEKO
2018/06/05

【栃木】
1. 梶又
2. 横根山
*3. 五十里
4. 入飛駒今倉

【群馬】
1. 本谷
2. 白根鉱山
3. 石津鉱山
4. 吾妻鉱山
5. 小串
6. 元山
*7. 品木
8. 倉見
9. 平滝

【埼玉】
1. 小倉沢

【東京】
1. 宇津木
2. 鳥打

【神奈川】
1. 札掛
2. 地蔵平

*は高度過疎集落

【茨城】
追. 深芝浜

【千葉】
追. 台宿

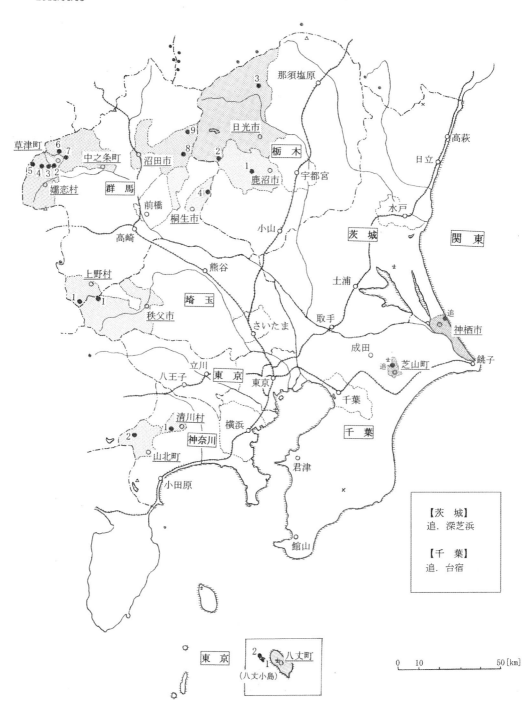

8 「廃村千選」〜 茨城県（平成30年更新）

茨城県神栖市の廃村 深芝浜（Fukashibahama）に建つ発電所の施設です（平成30年7月）。

編者が確認した茨城県の「学校跡を有する廃村・高度過疎集落」（学校の所在は昭和34年以降）は1か所（廃村1か所）です。

【県全体の概要】
茨城県（常陸、下総（北下総））は人口約292万人（H.27）。平野が多い中、県北には八溝山地があります。
◎1．廃村
八溝山地の山間には、高萩市柳沢（1戸残る）などの小規模な廃村が点在しています。
大子町の八溝山麓のにはかつて営林集落（製炭集落）があり、学校もありました（上野宮小学校八溝分校、昭和31年閉校）。
平成30年5月、「村影弥太郎の集落紀行」Webの村影さんからの情報により、神栖町深芝浜が廃校廃村に該当することがわかりました。深芝浜は鹿島灘に面する農漁村でしたが、鹿島工業開発により昭和44年に離村。現在、集落跡は鹿島東部コンビナートとなっています。
◎2　鉱山
茨城県の代表的な鉱山として日立市の日立銅山があります（昭和56年閉山）。なお、日立銅山は、足尾銅山、別子銅山とともに、日本三大銅山と呼ばれます。
◎3．へき地等級
茨城県には1か所だけへき地4級地がありました（北茨城市小川）。へき地3級地はゼロです。小川小学校は昭和59年に閉校となりましたが、小川は10戸超の集落として存続しています。
◎4．ダム関係
茨城県内最大規模のダムは高萩市の小山ダム（総貯水容量1660万立方m）です。大北川水系（大北川）で、昭和52年着手、平成17年竣工です。

◎5　標高
茨城県の最高峰は、八溝山地 八溝山（大子町、福島県棚倉町）で、標高は1022mです。

（2018年5月3日（木祝）更新）

【深芝浜 訪問記】
平成30年7月21日（土）、神栖市（旧神栖町）深芝浜にはJR鹿島線 鹿島神宮駅で自転車を借りて行きました。現地は鹿島臨海工業地帯の一角で、集落跡は製油所と発電所の敷地になっていました。鹿島港がY字形に掘り込まれているため、道のりはとても遠く感じました。

新旧の五万地形図（潮来、S.44とS.63）を見比べると、県道の深芝浜交差点は集落跡から1kmほど南側にあることがわかります。地名は昭和48年に深芝浜から東和田に改称しており、記念碑など他に何も見当たらない中、交差点の標示に残る「深芝浜」という名前に、救われた感じがしました。

交差点に「深芝浜」の名前が残っていました。

11 「廃村千選」～ 千葉県（平成30年更新）

千葉県芝山町の廃村 台宿（Daijuku）の小学校跡地碑です（平成30年5月）。

　編者が確認した千葉県の「学校跡を有する廃村・高度過疎集落」（学校の所在は昭和34年以降）は1か所（廃村1か所）です。

【県全体の概要】
　千葉県（下総、上総、安房）は人口約622万人（H.27）。大部を占める房総半島は平野・台地が広く、三方を海に囲まれた気候は比較的温暖です。

◎1．廃村
　君津市小櫃川上流の山間には小規模な廃村（追原、湯ヶ滝、加勢など）が点在しています。
　成田空港（昭和53年開港）の建設により、成田市の戦後開拓があった集落 木の根、東三里塚、天浪、古込などが無居住化しました。
　平成30年5月、村影さんからの情報により、芝山町台宿が廃校廃村に該当することがわかりました。台宿は成田市近郊の農村でしたが（戸数31戸（S.53））、成田空港建設に伴う騒音対策により昭和49年から同53年までに離村。現在、集落跡は工業団地になっています。

◎2．鉱山
　千葉県内には九十九里ガス田などいくつかのガス田があり、今も稼働中です。

◎3．へき地等級
　千葉県には、1か所だけへき地3級地（県内最高級）がありました（君津市香木原）。香木原小学校は昭和63年に閉校となりましたが、香木原は20戸超の集落として存続しています。

◎4．ダム関係
　千葉県内最大規模のダムは、君津市の亀山ダム（総貯水容量 1475万立方m）です。小櫃川水系（小櫃川）で、昭和44年着手、同55年竣工です。

◎5．標高
　千葉県の最高峰は房総丘陵の愛宕山（鴨川市、丸山町）で、その標高（408m）は全国一の低さです。

（2018年5月3日（木祝）更新）

【台宿 訪問記】
　平成30年5月26日（土）、芝山町台宿には芝山鉄道芝山千代田駅で自転車を借りて行きました。現地は空港南部工業団地の一角で、物流関係の建物がたくさん建っていました。「騒音対策で離村した」とのことですが、現地の騒音は飛行機ではなくトラックに感じました。
　五万地形図（成田、S.45）の文マークの辺りを訪ねると、駐車場の区画に静かに岩山小学校跡地の碑と門柱が建っており、そばには子安神社が建っていました。「離村前、どんな集落があったのか」、現地で想像することはできませんが、そんな場所だからこそ、碑がある意味も大きいように思いました。

学校跡地碑そばには、子安神社が建っていました。

◆「廃村 千選」総合リスト　　　　　　茨城（追加），千葉（追加）

			郵便番号	所在地（小学校）	産業等	事由	戸数			地形図		学校	標高	離村時期	閉校年	訪問
◆1034	深芝浜	ふかしばはま	314-0102	茨城県 鹿島郡神栖町深芝浜3236	(農)	工業	0	H.30		潮来	S.44	文	7m	昭和44年	S.44年	◎H.30
◆1035	台宿	だいじゅく	289-1608	千葉県 山武郡芝山町岩山1495	(農)	空港	1	H.27		成田	S.45	文	42m	昭和53年	S.50年	◎H.30

(注1) 通し番号欄の◆印は追加です。
(注2) 所在地は「全国学校総覧 昭和35年版」の小学校の情報をベースに編集しています（自治体名は平成の大合併直前（H.13））。
(注3) 産業等欄．(農)は農山村を示します。
(注4) 戸数欄の年号は，戸数を調べた「ゼンリン住宅地図」の発行年です。また，地形図欄の年号は，場所を調べた「5万分の1地形図」の発行年です。
(注5) 学校欄．文は，文マークを「5万分の1地形図」で確認を示します。
(注6) 標高は，学校（推定地を含む）の値です。
(注7) 閉村時期欄．xx年は，文献等に記された閉村年です。年号は，初訪年を示します。
(注8) 訪問欄の◎は編者が訪ねたことを示します。初訪年を示します。

●「廃村 千選」小学校児童数リスト（S.34～S.50）　　茨城（追加），千葉（追加）

	所在地	級数	小学校名	S.34	S.35	S.36	S.37	S.38	S.39	S.40	S.41	S.42	S.43	S.44	S.45	S.46	S.47	S.48	S.49	S.50	閉(小)	閉校年(中)	閉(中)
◆1034	神栖村†	無	息栖小学校深芝浜分校	260	253	233	215	197	184	181	121	97	91	56		82	79	34			T. 7	昭和44年*	
◆1035	芝山町	無	岩山小学校	152	145	140	135	124	126	114	108	81	81	82	78				30		M. 6	昭和50年	

番号欄の◆印は追加，自治体名・学校名は S.34.4，開校年欄の * は年度途中（4-12月）の開校

参考文献・ホームページ

1) 『へき地学校名簿』（全3巻）、教育設備助成会（1961）
2) 『全国学校総覧』（58巻）、東京教育研究所／原書房（1960 − 2017）
3) 『5万分の1／2万5千分の1地形図』、地理調査所／国土地理院（1914 − 2017）
4) 『ゼンリン住宅地図』、善隣出版社／ゼンリン（1970 − 2017）
5) 『角川日本地名大辞典』（47巻）、角川書店（1978 − 1990）

6) 『日本分県地図地名総覧』、人文社（1965、2001）
7) 『マップル 全日本版』、昭文社（1985）
8) 「地理院地図」Web、国土地理院、https://maps.gsi.go.jp/
9) 「ダム便覧」Web、日本ダム協会、http://damnet.or.jp/Dambinran/binran/TopIndex.html
10) 「村影弥太郎の集落紀行」Web、村影弥太郎、http://www.aikis.or.jp/~kage-kan/

11) 「地図インフォ」Web、国土地理協会、http://info.jmc.or.jp/（終了）
12) 『全国学校名鑑』（17巻）、文化研究社／福武書店（1960 − 1977）
13) 『大日本分県地図併地名総覧』、国際地学協会（1940）
14) 『学校基本調査報告書』（58巻）、文部省／文部科学省（1960 − 2017）
15) 『郵便区全図』、郵政共済会／郵政省（1946 − 1988）

16) 『美麻村誌 歴史編』、美麻村誌編纂委員会、美麻村誌刊行会（1999）
17) 『飯山市誌 歴史編 下』、飯山市誌編纂専門委員会（1995）
18) 「長野県廃校リスト」、吉川泰（2006）
19) 『生坂村誌 歴史・民俗編』、生坂村誌編纂委員会、生坂村誌刊行会（1997）
20) 『徳山村写真全記録』、増山たづ子、影書房（1997）

21) 『敷島町誌』、敷島町（1966）
22) 『十日町市史 通史編5』、十日町市史編さん委員会、十日町市（1997）
23) 『川西町史 通史編』、川西町史編さん委員会、川西町（1987）
24) 『旭町誌 通史編』、旭町誌編集研究会、旭町（1981）
25) 『設楽町誌 教育・文化編』、設楽町（2004）

26) 『水窪町史』、水窪町（1983）
27) 『豊丘村史』、豊丘村（1975）
28) 「農山村の人口及び集落の動向」、農林水産省農村振興局（2001）
29) 『小谷村誌』、小谷村誌編纂委員会、小谷村誌刊行委員会（1993）
30) 「協働学舎」Web、特定非営利活動法人 協働学舎、http://www.kyodogakusya.or.jp/

31) 「高嶺資料」、小川博義（2008）
32) 『龍山村史』、龍山村村史編纂委員会、龍山村（1980）
33) 『谷の腑』、井原留吉、谷の会（1997）
34) 『奥三河・北遠の廃集落・小集落』、服部聡央（2017）
35) 『南信の廃集落・小集落』、服部聡央（2017）

36) 『天龍村史 下巻』、天龍村史編纂委員会、天龍村（2000）
37) 『木曽・楢川村誌 第5巻』、楢川村誌編纂委員会、楢川村（1996）
38) 『糸魚川市史 昭和編3』、糸魚川市史編集委員会、糸魚川市（2006）
39) 「平成27年国勢調査」、総務省統計局、http://www.stat.go.jp/data/kokusei/2015/
40) 『廃村と過疎の風景（4）廃村千選Ⅰ 東日本編』、HEYANEKO（2010）

あとがき

　『廃村と過疎の風景(10)』廃校廃村を訪ねてⅡ（甲信越東海編）、読んでいただき、ありがとうございます。この冊子は、本編（23の旅行記、平成17年～20年）、番外編（平成30年の旅行記1編）、長野県、山梨県、静岡県、愛知県のリスト編（茨城県、千葉県の追加を含む）の3部構成でできています。

　第10集刊行の平成30年は、「調べて、訪ねて、まとめる」という廃村研究のスタイルが定着してから足掛け20年目になります。よく続いているものですが、「廃村千選」は風呂敷が大きいこともあり、進めるほどに新たな興味が湧き上がってきます。年間の旅は21回、廃校廃村新規訪問数は89か所ほど（自己ベスト更新）になる見込となりました。

　まとまった新規旅行記の冊子化は『廃村と過疎の風景（8）』（平成26年刊）から止まっていますが、旅行記のストックは100本ほどたまってきています。『廃村と過疎の風景（11）』以降の地方別での冊子化は、この中から選りすぐって進めることになりそうです。

　足掛け20年経って、印象が強かった廃村を再訪したいと思うことが多くなり、積極的に進めています。これにあわせて、年号が新たなものに変わる節目を迎えるにあたり、平成の世に私が訪ねて印象が強かった廃村100か所を、地方別、県別、産業別にバランスよく取り上げ、書籍『廃村百選』（仮題）としてまとめることを企て、実現させることになりました。従来ゼロだった茨城県、千葉県で廃校廃村が見つかったことは、長らく頭の隅にしまいこんでいた廃村百選の構想を浮上させるきっかけとなりました。

　『廃村百選』は2020年春頃、『秋田・廃村の記録』（平成28年刊）で縁がある秋田文化出版から刊行される予定です。市販本ですが、コミックマーケットでの頒布も可能なことを確認しています。第11集の刊行はその後のことになりますが、旅行記のストックがあればいつでもできるだろうと、気楽に構えています。

　気楽に構えられないのが、廃村に係わりがある方の高齢化です。「廃村千選」で取り上げている廃村は、高度経済成長期後期（昭和41年～48年）に生じたものが多く、「今のうちに話をうかがっておかなければ」という思いが、より強くなってきています。『廃村と過疎の風景（6）』（平成24年刊）以来のまとまった係わりがある方への聞き取りも、新規訪問、再訪と並行して進めています。

　2019年の旅は19回、廃校廃村新規訪問数は46か所ほど（再訪が多くなるため）になる見込で、すでにおよその計画は年末までできています。体力と気力は、明確な目標があれば湧き上がってくるもののようです。

　今後の展開にもご期待ください。＞皆さま

平成30年（2018年）11月3日　羽田－松山空港のANA便にて
浅原 昭生（Team HEYANEKO）

＜著　者＞
浅原 昭生（あさはら あきお）
　1962 年大阪府堺市生まれ。1993 年より埼玉県さいたま市在住
　1986 年近畿大学大学院化学研究科化学専攻博士前期課程修了
　中学校教師（理科），高校教師（化学・生物）を経て，1990 年より職業訓練法人日本技能教育開発センター職員
　2016 年より Team HEYANEKO 代表
　HEYANEKO は，ペンネーム，ハンドルネーム兼出版者名

＊著書等
［論　文］
　1)「修士論文－銅 (I) エチレン及びホスフィン錯体の X 線結晶構造」，近畿大学（1986）
　2)「Crystal Structure of Bis (2,2'-bipyridine) copper (I) Perchlorate」（共著），Bull.Chem.Soc.Jpn.（1987）
［技術書］
　1)「やさしい工場化学」，日本技能教育開発センター（1997）
　2)「高圧ガス製造保安責任者受験講座（乙種）」（共著），日本技能教育開発センター（1998）
　3)「高圧ガス製造保安責任者受験講座（丙種化学特別）」（共著），日本技能教育開発センター（1999）
　4)「ガス技術者のための基礎講座」（共著），日本技能教育開発センター（2000）
［私家版（ＩＳＢＮコードなし）］
　1)「東京徒歩旅行」，HEYANEKO（1999）
　2)「東京徒歩旅行（2）～沖縄居酒屋編」，HEYANEKO（2003）
［私家版（ＩＳＢＮコード入り）］
　1)「廃村と過疎の風景」，HEYANEKO（2001）
　2)「廃村と過疎の風景（2）～ Discover Japan，Discover My Life」，HEYANEKO（2006）
　3)「廃村と過疎の風景（3）～学校跡を有する廃村」，HEYANEKO（2009）
　4)「廃村と過疎の風景（4）廃村千選Ⅰ－東日本編－」，HEYANEKO（2010）
　5)「廃村と過疎の風景（5）廃村千選Ⅱ－西日本編－」，HEYANEKO（2011）
　6)「廃村と過疎の風景（6）集落の記憶」，HEYANEKO（2012）
　7)「廃村と過疎の風景（7）全県踏破への道Ⅰ（東海・北陸以東）」，HEYANEKO（2013）
　8)「廃村と過疎の風景（8）全県踏破への道Ⅱ（関西以西）」，HEYANEKO（2014）
　9)「廃村と過疎の風景（9）廃校廃村を訪ねてⅠ（関東）」，HEYANEKO（2017）
［市販本］
　1)「廃村をゆく 消えゆく日本の村々を巡る」，イカロス出版（2011）［制作協力］
　2)「廃村をゆく 2 往時の面影を求めて」，イカロス出版（2016）［執筆］
　3)「秋田・廃村の記録 人口減時代を迎えて」，秋田文化出版（2016）［執筆（共著）］

廃村と過疎の風景（10）　廃校廃村を訪ねてⅡ（甲信越東海）

2018 年 12 月 31 日　発行

著者　　　　浅原 昭生
発行者　　　HEYANEKO
　　　　　　〒 336-0017　さいたま市南区南浦和 3-22-18-702
　　　　　　Phone　090-9367-7434
　　　　　　URL　　http://www.din.or.jp/~heyaneko/
　　　　　　E-mail　heyaneko@din.or.jp
印刷・製本　アイコー企画印刷株式会社

ⓒ 浅原 昭生　2018　　　　　　　　　　　　　　　　　　　　　　　ISBN 978-4-9903475-0-5

写真　　HEYANEKO
表紙デザイン　　木下英敏，鳥海正美，井上義澄

本書からの無断の転載・複製を禁じます。